工伤预防知识学习手册丛书

建筑施工
工伤预防知识学习手册

主　编◎赵　旭　尼玛平措　佟瑞鹏
副主编◎王登辉　姚泽旭

中国劳动社会保障出版社

图书在版编目（CIP）数据

建筑施工工伤预防知识学习手册 / 赵旭，尼玛平措，佟瑞鹏主编. -- 北京：中国劳动社会保障出版社，2025. -- （工伤预防知识学习手册丛书）. -- ISBN 978-7-5167-7045-0

Ⅰ. TU714-62

中国国家版本馆 CIP 数据核字第 2025YE8132 号

建筑施工工伤预防知识学习手册

JIANZHU SHIGONG GONGSHANG YUFANG ZHISHI XUEXI SHOUCE

中国劳动社会保障出版社出版发行

（北京市惠新东街 1 号　邮政编码：100029）

*

天津市银博印刷集团有限公司印刷装订　　新华书店经销

880 毫米 ×1230 毫米　32 开本　4 印张　86 千字

2025 年 6 月第 1 版　　2025 年 6 月第 1 次印刷

定价：16.00 元

营销中心电话：400-606-6496

出版社网址：https://www.class.com.cn

版权专有　　侵权必究

如有印装差错，请与本社联系调换：（010）81211666

我社将与版权执法机关配合，大力打击盗印、销售和使用盗版图书活动，敬请广大读者协助举报，经查实将给予举报者奖励。

举报电话：（010）64954652

"工伤预防知识学习手册丛书"编委会

主　任： 佟瑞鹏
副主任： 张姜博南　李宝昌
委　员： 孙　浩　张渤苓　王露露　王乐瑶　张东许　赵　旭
　　　　　孙宁昊　和杰花　李佳航　胡向阳　王　乾　梁梵洁
　　　　　李　鑫　王楚涵　赵云昊　宋轩宇　王登辉　姚泽旭
　　　　　尹雪晨　郭　钰　孙鹏依　韩吉祥　张晓磊　孟子尧
　　　　　刘贤鹏　柴文浩　李慕晨　未宗帅　毛　颖　王益艳
　　　　　赵晶荣　董国宇　杨昂滨　武　琪　李佳琦　张笑璇
　　　　　连芳菲　王智浩　吴韶辉　李聪聪　李昕阳　张培森
　　　　　张智慧　邓盈祺　郝彬鑫　芦佳乐　尼玛平措
　　　　　皮芙萍

内容简介
INTRODUCTION

本书以建筑施工行业的工伤预防为核心，紧扣国家工伤保险、安全生产法律法规及政策，全面讲解了工伤预防的理论与实践方法，旨在帮助用人单位及职工更好地应对行业特有的工伤风险，在分析行业工伤特征的基础上，提供了系统化的预防对策和操作指南。

本书是"工伤预防知识学习手册丛书"之一，全面系统地介绍了工伤保险和工伤预防基础知识，梳理了建筑施工事故预防及职业病相关基本概念，以法律法规和规章制度以及重要国家标准为依据，重点介绍了工伤保险与工伤预防、工伤事故与职业病防治、施工现场工伤事故预防管理、施工现场职业病危害与防护、施工现场意外伤害应急处置与急救等内容。

本书内容精简实用，典型性、通用性强，文字表述浅显易懂，版式活泼，搭配原创漫画配图，以便于对重要知识的理解与掌握。本书适合在工伤保险集中宣传活动中进行基础知识普及，适合建筑施工有关用人单位开展工伤预防宣传培训使用，适用于广大职工群众提升工伤预防意识、普及工伤保险与安全生产知识。

目录
CONTENTS

第1章 工伤保险与工伤预防 /1
  1. 工伤保险的定义与特点 /1
  2. 工伤保险的重要意义与原则 /3
  3. 我国工伤保险制度发展历程 /5
  4. 工伤保险基金与参保缴费 /7
  5. 工伤认定 /8
  6. 工伤职工劳动能力鉴定 /12
  7. 工伤保险待遇 /14
  8. 工伤预防的概念与作用 /16
  9. 职工工伤保险和工伤预防的权利和义务 /18
  10. 工伤预防管理模式 /19

第2章 工伤事故与职业病防治概述 /21
  11. 工伤与职业病概念 /21
  12. 工伤事故常见种类 /24
  13. 造成事故的不安全行为与不安全心理 /26
  14. 安全生产教育和培训 /29
  15. 安全生产规章制度 /32

16. 作业现场安全信息 /33

17. 职业病的特点与分类 /36

18. 职业病危害因素 /38

19. 职业健康监护 /39

第3章　施工现场工伤事故预防管理 /45

20. 作业人员安全生产职责 /45

21. 施工现场专业人员安全生产职责 /51

22. 混凝土机械设备操作规范 /55

23. 钢筋机械设备操作规范 /58

24. 手持电动工具操作规范 /62

25. 电气事故与电工操作 /63

26. 电气设备基础技术规定 /66

27. 电气配套设施安全规定 /68

28. 高处作业危险因素与安全技术 /72

29. 高处作业分类与事故预防 /74

30. 坍塌事故预防 /75

31. 建筑施工防火制度与措施 /79

32. 灭火器材配置与使用 /81

33. 建筑施工现场动火作业分级 /83

第4章　施工现场职业病危害与防护 /87

34. 施工现场职业病危害因素 /87

35. 施工现场职业病防治 /89

36. 劳动防护用品分类与使用的注意事项 /90

37. 劳动防护用品管理配置 /92

38. 常见劳动防护用品的使用 /93

第 5 章 施工现场意外伤害应急处置与急救 /99

39. 建筑施工的特点与常见事故原因 /99

40. 高处坠落事故应急处置 /102

41. 触电事故应急处置 /103

42. 物体打击事故应急处置 /104

43. 机械伤害事故应急处置 /105

44. 坍塌事故应急处置 /107

45. 烧伤与中暑急救 /109

46. 心肺复苏急救 /112

47. 骨折与断肢急救 /113

48. 止血与包扎 /116

第1章 工伤保险与工伤预防

1. 工伤保险的定义与特点

（1）工伤保险的定义

工伤保险是指国家立法实施的，通过用人单位缴费筹资形成基金，对职工因工作原因遭受事故伤害或者患职业病的，给予职工及其近亲属相应待遇的一项社会保险制度。

（2）工伤保险的特点

工伤保险具有四个基本特点：一是强制性，工伤保险是由国家通过立法来强制执行的，在立法规定的范围内，用人单位必须参加工伤保险，为职工缴纳工伤保险费；二是非营利性，工伤保险既是国家对职工履行的社会责任，也是职工应该享有的基本权利，国家实行工伤保险制度，目的是保障职工安全健康，因此国家提供的所有与工伤保险有关的服务，均不以营利为目的；三是保障性，为工伤职工及其近亲属提供基本生活保障和医疗康复待遇；四是互助互济性，通过法定程序筹集工伤保险基金，实现不同群体、地域和行业间的风险共担和基本调剂。

工伤保险是国家通过立法强制执行的，我们必须依法参保。

法律提示

《工伤保险条例》于2003年4月27日经中华人民共和国国务院令第375号颁布，自2004年1月1日起施行。2010年12月20日，中华人民共和国国务院令第586号发布《国务院关于修改〈工伤保险条例〉的决定》，修订后的条例自2011年1月1日起正式施行。

现行《工伤保险条例》共8章67条，基本结构为：第一章总则，第二章工伤保险基金，第三章工伤认定，第四章劳动能力鉴定，第五章工伤保险待遇，第六章监督管理，第七章法律责任，第八章附则。

2. 工伤保险的重要意义与原则

（1）工伤保险的重要意义

《工伤保险条例》的立法宗旨是：保障因工作遭受事故伤害或者患职业病的职工获得医疗救治和经济补偿，促进工伤预防和职业康复，分散用人单位的工伤风险。这体现了国家设立工伤保险制度的重要意义。

（2）工伤保险的原则

1）强制性原则。由于工伤会给职工带来痛苦，给家庭带来不幸，也于用人单位乃至国家不利，因此国家通过立法，强制实施工伤保险制度，规定覆盖范围内的用人单位必须依法参加并履行缴费义务。

2）无过错补偿原则。工伤事故发生后，不管过错在谁，工伤职工均可获得补偿，以保障其及时获得医疗救治和基本生活保障。但这并不妨碍有关部门对事故责任人的追究，以防止类似事故的重复发生。

3）职工个人不缴费原则。这是工伤保险与养老、医疗、失业等其他社会保险项目的区别之处。由于职业伤害是在工作过程中造成的，劳动力是生产的重要要素，职工为用人单位创造财富的同时付出了代价，所以理应由用人单位负担全部工伤保险费，职工个人不缴纳任何费用。

4）风险分担、互助互济原则。通过法律强制征收保险费，建立工伤保险基金，采取互助互济的方法，分散风险，缓解部分企业、行业因工伤事故或职业病所产生的负担。

5）实行行业差别费率和浮动费率原则。为强化不同工伤风险类别行业相对应的雇主责任，充分发挥缴费费率的经济杠杆作用，促进工伤预防，减少工伤事故，工伤保险实行行业差别费率，并根据用人单位工伤保险支缴率和工伤事故发生率等因素实行浮动费率。

6）补偿与预防、康复相结合原则。工伤补偿、工伤预防与工伤康复三者是密切相连的，构成了工伤保险制度的三个支柱。工伤预防是工伤保险制度的重要内容，工伤保险制度致力于采取各种措施，以减少和预防事故的发生。工伤事故发生后，及时对工伤职工予以医治并给予经济补偿，使工伤职工本人或家庭生活得到一定的保障，是工伤保险制度的基本功能。同时，要及时对工伤职工进行医学康复和职业康复，使其尽可能恢复或部分恢复劳动能力，具备从事某种职业的能力，能够自食其力，以减少人力资源和社会资源的浪费。

7）一次性补偿与长期补偿相结合原则。对工伤职工或工亡职工的近亲属，工伤保险待遇实行一次性补偿与长期补偿相结合的办法。如对高伤残等级的职工或工亡职工的近亲属，在依法支付一次性补偿的同时，还按月支付长期待遇。这种一次性补偿与长期补偿相结合的办法，可以长期、有效地保障工伤职工及工亡职工近亲属的基本生活。

Tips 相关链接

《工伤保险条例》第二条规定，中华人民共和国境内的企业、事业单位、社会团体、民办非企业单位、基金会、律师事务所、会计师事务所等组织和有雇工的个体工商户（以下称用人单位）应当依照《工伤保险条例》规定参加工伤保险，为本单位全部职工或者雇工（以下称职工）缴纳工伤保险费。中华人民共和国境内的企业、事业单位、社会团体、民办非企业单位、基金会、律师事务所、会计师事务所等组织的职工和个体工商户的雇工，均有依照《工伤保险条例》的规定享受工伤保险待遇的权利。

3. 我国工伤保险制度发展历程

（1）计划经济时期工伤补偿制度的建立和实施

1951年，中央人民政府政务院颁布了《中华人民共和国劳动保险条例》，这是我国第一部包括养老、工伤、工亡职工遗属等保险项目在内的全国性统一法规，也是社会保障制度在我国开始实施的起点。该条例对劳动保险的实施范围，保险费的征集、管理和支付，保险的项目和标准以及保险业务的执行和监督都作出了明确规定。

劳动保险制度中的工伤补偿制度，结束了我国缺乏完整统一的工伤保障制度的历史，通过实行部分基金统筹的方式，为计划经济时期大规模的建设提供了工伤补偿制度，保障了这一时期工伤职工及其家属的基本生活，具有分散工伤风险、促进经济建设的积极意义。

（2）改革开放时期工伤保险制度的改革探索和实践

我国工伤保险制度改革始于20世纪80年代中期。1988年，劳动部主持制定了社会保险制度改革方案，选择了社会保险作为我国工伤保险的制度模式，初步形成了工伤保险制度改革框架，提出了工伤保险制度改革的主要内容。

在总结多年工伤保险改革试点经验和借鉴国外成熟做法的基础上，1996年8月12日，劳动部颁布了《企业职工工伤保险试行办法》，对工伤保险制度作了统一规定，对沿用至20世纪90年代初的企业自我保险的工伤制度进行了根本性改革。同时，国家技术监督局也在1996年3月颁布了《职工工伤与职业病致残程度鉴定》（GB/T 16180—1996）。

（3）适应市场经济体制的工伤保险制度的形成

2003年，国务院颁布《工伤保险条例》，标志着适应我国社会主义市场经济体制的工伤保险制度正式形成。

《工伤保险条例》的颁布在我国工伤保险制度建设进程中具有里程碑意义,标志着我国的工伤保险制度步入了法治化轨道,也预示着我国的工伤保险制度改革进入一个崭新的发展阶段,意味着适应我国社会主义市场经济的新型工伤保险制度已初步构建完成。同时,《工伤保险条例》的出台,使工伤保险成为我国社会保障体系的重要组成部分,对于进一步完善我国的社会保障体系,维护我国经济和社会的健康稳定发展,以及加快推进我国社会保障法治化建设,无疑起到了重要的推动作用。

4. 工伤保险基金与参保缴费

(1)工伤保险基金

稳定充足的工伤保险基金是工伤保险制度顺利实施的保障。《社会保险术语 第5部分:工伤保险》(GB/T 31596.5—2015)中将工伤保险基金定义为:按照法律规定,由用人单位缴纳的工伤保险费及其利息收入,以及其他依法纳入的资金汇集而成的,用于支付工伤保险待遇及其他相关支出的专项资金。

(2)工伤保险参保缴费

随着经济、社会的发展,世界各国已达成共识,认为职工在为用人单位创造财富、为社会作出贡献的同时,还冒着付出健康和生命的代价。因此,由用人单位缴纳工伤保险费是完全必要和合理的。

《工伤保险条例》第十条规定,用人单位应当按时缴纳工伤保险费。职工个人不缴纳工伤保险费。用人单位缴纳工伤保险费的数额为本单位职工工资总额乘以单位缴费费率之积。对难以按照工资总额缴纳工伤保险费的行业，其缴纳工伤保险费的具体方式，由国务院社会保险行政部门规定。

相关链接

> 世界各国实行的工伤保险制度大体分为两种类型：一种是社会保险类型；另一种是雇主责任类型。
>
> 实行社会保险类型的国家约占实行工伤保险制度国家的2/3。工伤保险基金可以是一般社会保险基金的组成部分，也可以是单独的。在这些国家中，凡参加工伤保险的雇主，都必须向社会保险机构缴纳工伤保险费。
>
> 实行雇主责任类型的是少数国家，体现为雇主责任制。雇主责任制有两种方式：一是工伤职工或其亲属直接向雇主要求索赔；二是雇主为其雇员的工伤风险购买商业保险。雇主责任制下，完全由雇主承担缴费甚至赔偿责任，职工个人不缴费。

5. 工伤认定

（1）各类工伤认定的情形

《工伤保险条例》第十四至十六条分别对应当认定为工伤的情形、视同工伤的情形、不得认定为工伤的情形作出了明确规定。

1）职工有下列情形之一的，应当认定为工伤：

①在工作时间和工作场所内，因工作原因受到事故伤害的。

②工作时间前后在工作场所内，从事与工作有关的预备性或者收尾性工作受到事故伤害的。

③在工作时间和工作场所内，因履行工作职责受到暴力等意外伤害的。

④患职业病的。

⑤因工外出期间，由于工作原因受到伤害或者发生事故下落不明的。

⑥在上下班途中，受到非本人主要责任的交通事故或者城市轨道交通、客运轮渡、火车事故伤害的。

⑦法律、行政法规规定应当认定为工伤的其他情形。

2）职工有下列情形之一的，视同工伤：

①在工作时间和工作岗位，突发疾病死亡或者在48小时之内经抢救无效死亡的。

②在抢险救灾等维护国家利益、公共利益活动中受到伤害的。

③职工原在军队服役，因战、因公负伤致残，已取得革命伤残军人证，到用人单位后旧伤复发的。

职工有前款第①项、第②项情形的，按照《工伤保险条例》有关规定享受工伤保险待遇；职工有前款第③项情形的，按照《工伤保险条例》的有关规定享受除一次性伤残补助金以外的工伤保险待遇。

3）职工符合前述规定，但是有下列情形之一的，不得认定为工伤或者视同工伤：

①故意犯罪的。

②醉酒或者吸毒的。

③自残或者自杀的。

（2）工伤认定的主要流程

申请工伤认定的流程可以总结为发生工伤、提出工伤认定申请、备齐申请材料、社会保险行政部门受理、作出工伤认定五个环节,具体如下。

1)发生工伤。职工发生工伤事故,或被诊断、鉴定为职业病。

2)提出工伤认定申请。职工所在单位应当自职工事故伤害发生之日或者职工被诊断、鉴定为职业病之日起30日内,向统筹地区社会保险行政部门提出工伤认定申请。

用人单位未按规定提出工伤认定申请的,工伤职工或者其近亲属、工会组织在事故伤害发生之日或者被诊断、鉴定为职业病之日起1年内,可以直接向用人单位所在地统筹地区社会保险行政部门提出工伤认定申请。

3)备齐申请材料。提出工伤认定申请应当提交下列材料:

①工伤认定申请表。

②与用人单位存在劳动关系(包括事实劳动关系)的证明材料。

③医疗诊断证明或者职业病诊断证明书(或者职业病诊断鉴定书)。

工伤认定申请表应当包括事故发生的时间、地点、原因以及职工伤害程度等基本情况。

4)社会保险行政部门受理。申请材料完整,属于社会保险行政部门管辖范围且在受理时效内的,应当受理。申请材料不完整的,社会保险行政部门应当一次性书面告知工伤认定申请人需要补正的全部材料。

5)作出工伤认定。社会保险行政部门应当自受理工伤认定申请之日起60日内作出工伤认定的决定,并书面通知申请工伤认定的职工或者其近亲属和该职工所在单位。

第 1 章　工伤保险与工伤预防

 **案例解读**

田某在某市铸造厂从事铸造工作。某日，车间主任派他到该厂另外一车间拿工具。在返回工作岗位途中，田某被该厂建筑工地坠落的砖块砸伤头部，当即被送往医院救治，后被诊断为脑裂伤。出院后，田某向单位申请工伤保险待遇，但是单位认为他不是在本职岗位受伤，因此不能享受工伤保险待遇。田某遂向当地社会保险行政部门投诉，要求认定其为工伤。

当地社会保险行政部门经调查后认为：虽然田某的致伤地点不是本职岗位，但他是受领导（车间主任）指派离开本职岗位到另一车间拿工具的，故其受伤地点应属于工作场所。这一事故具有一般工伤事故应具备的"三工"要素，即在工作时间、工作地点、因工作原因而受伤。因此，当地社会保险行政部门认定田某为工伤，并依法要求单位按规定给予田某相应的工伤保险待遇。

11

6. 工伤职工劳动能力鉴定

（1）工伤职工劳动能力鉴定申请条件

劳动能力鉴定申请在法律与制度的严格规范下，有着明确且严谨的条件要求，旨在确保整个鉴定过程的科学性、公正性以及权威性，让每一位工伤职工、因病或非因工致残人员都能获得与其身体损伤状况和劳动能力丧失程度相匹配的合理保障。劳动能力鉴定可分为对工伤职工劳动功能障碍程度和生活自理障碍程度进行的技术性等级鉴定（即工伤职工劳动能力鉴定），以及对因病或非因工致残申请领取病残津贴人员丧失劳动能力程度进行的技术性鉴定（即因病或非因工致残人员丧失劳动能力鉴定）。以下仅针对工伤职工劳动能力鉴定进行阐述。

具体来说，工伤职工进行劳动能力鉴定应符合以下条件：一是经过治疗后，伤情处于相对稳定状态，这样便于劳动能力鉴定机构聘请的医疗专家对伤情进行鉴定；二是职工经治疗后，确认是因工伤原因造成身体上的残疾；三是工伤职工的残疾对以后的工作、生活将产生直接影响，并且伤残程度已经影响职工本人的劳动能力。在这种情况下，工伤职工应当进行劳动能力鉴定。

（2）工伤职工劳动能力鉴定主体

工伤职工或者其用人单位应当及时向设区的市级劳动能力鉴定委员会提出劳动能力鉴定申请。

（3）工伤职工劳动能力鉴定流程

申请劳动能力鉴定的主要流程可以总结为以下五个环节。

1）职工伤情基本稳定，进行劳动能力鉴定。职工发生工伤，经治疗伤情相对稳定后存在残疾、影响劳动能力的，或者停工留薪期满（含劳动能力鉴定委员会确认的延长期限）的，应依法进行劳动能力鉴定。劳动功能障碍分为十个伤残等级，最重的为一级，最轻的为十级。生活自理障碍分为三个等级，即生活完全不能自理、生活大部分不能自理和生活部分不能自理。

2）备齐材料，提出申请。申请劳动能力鉴定应当填写劳动能力鉴定申请表，并提交材料：有效的诊断证明，按照医疗机构病历管理有关规定复印或者复制的检查、检验报告等完整病历材料；工伤职工的居民身份证或者社会保障卡等其他有效身份证明原件。通过信息共享能够获取的申请材料，不得要求重复提交。

3）接受申请，作出鉴定结论。劳动能力鉴定委员会应当自收到材料完整的劳动能力鉴定申请之日起60日内作出劳动能力鉴定结论。伤病情复杂、涉及医疗卫生专业较多的，该期限可以延长30日。劳动能力鉴定结论应当及时送达工伤职工或其用人单位。

4）对鉴定结论不服的，可申请再次鉴定。工伤职工或其用人单位对初次鉴定结论不服的，可以在收到鉴定结论之日起15日内，向省、自治区、直辖市劳动能力鉴定委员会申请再次鉴定。省、自治区、直辖市劳动能力鉴定委员会作出的劳动能力鉴定结论为最终结论。

5）若伤残情况发生变化，可申请工伤职工复查鉴定。自工伤职工劳动能力鉴定结论作出之日起1年后，工伤职工、用人单位或者社会保险经办机构认为伤残情况发生变化的，可以向设区的市级劳动能力鉴定委员会申请劳动能力复查鉴定。对复查鉴定结论不服的，可以按照上述规定申请再次鉴定。

7. 工伤保险待遇

（1）工伤保险待遇享受条件

《中华人民共和国社会保险法》第三十六条规定，职工因工作原因受到事故伤害或者患职业病，且经工伤认定的，享受工伤保险待遇；其中，经劳动能力鉴定丧失劳动能力的，享受伤残待遇。

（2）工伤保险待遇主要类型

《工伤保险条例》中规定的工伤保险待遇主要有以下四种类型。

1）工伤医疗及康复待遇。包括工伤医疗及相关补助待遇、工伤康复待遇、辅助器具的安装配置待遇等。

2）停工留薪期待遇。职工因工作遭受事故伤害或者患职业病需要暂停工作接受工伤医疗的，在停工留薪期内，原工资福利待遇不

变,由所在单位按月支付。停工留薪期一般不超过12个月。伤情严重或者情况特殊,经设区的市级劳动能力鉴定委员会确认,可以适当延长,但延长不得超过12个月。生活不能自理的工伤职工在停工留薪期需要护理的,由所在单位负责。

3)伤残待遇。根据工伤发生后劳动能力鉴定确定的劳动功能障碍程度和生活自理障碍程度的等级不同,工伤职工可享受相应的一次性伤残补助金、伤残津贴、一次性工伤医疗补助金、一次性伤残就业补助金及生活护理费等。

4)工亡待遇。职工因工死亡,其近亲属按照规定从工伤保险基金领取丧葬补助金、供养亲属抚恤金和一次性工亡补助金。

(3)停止享受工伤保险待遇的情形

1)丧失享受待遇条件的。如果工伤职工在享受工伤保险待遇期间情况发生了变化,不再具备享受工伤保险待遇的条件,如劳动能力得以完全恢复而无须由工伤保险制度提供保障时,应当停发工伤保险待遇。

2)拒不接受劳动能力鉴定的。如果工伤职工没有正当理由拒不接受劳动能力鉴定,一方面工伤保险待遇无法确定,另一方面也表明工伤职工并不愿意接受工伤保险制度提供的帮助,故不应再享受工伤保险待遇。

3)拒绝治疗的。职工遭受事故伤害或患职业病后,有享受工伤医疗待遇的权利,也有积极配合医疗救治的义务。如果无正当理由拒绝治疗,一味消极地依靠社会救助,有悖于这一义务,则不得再继续享受工伤保险待遇。

8. 工伤预防的概念与作用

（1）工伤预防的概念

工伤预防是指避免与降低工伤风险所采取的宣传和培训等手段和措施。其中，工伤风险是指在工作过程中工伤发生概率和造成危害的程度。

工伤预防的目的是从源头上减少和避免工伤事故和职业病的发生，实现最大限度地减少工伤的最终目标。因此，在工伤保险工作中，应将工伤预防放在首位。

（2）工伤预防的地位和作用

工伤预防是建立健全工伤预防、工伤补偿和工伤康复"三位一体"工伤保险制度的重要内容。《工伤保险条例》把工伤预防定为工伤保险三大任务之一，从而逐步改变了过去重补偿、轻预防的模式。生命安全和身体健康是职工的最大利益，用人单位和职工要共同做好工伤预防工作，坚持"安全第一、预防为主、综合治理"的安全生产工作方针。

工伤预防的作用主要表现在以下两方面。

1）工伤预防可以从源头上降低工伤事故和职业病的发生概率，保障职工的安全健康。预防的要义在于"事先防范"，防未发生的事故，防"未病之病"，防患于未然。企业要进行生产活动，就存在发生伤亡事故和职业病的可能。有关研究表明，现有的工伤事故80%以上是可以通过安全生产管理与技术等手段避免的，说明了工伤预防工作的迫切性和重要性。

2）工伤预防工作从根本上有利于企业发展，促进社会和谐稳定。随着工伤保险制度的不断完善，工伤预防工作得到逐步加强。一方面，通过工伤预防，可以提升企业安全生产管理水平，消除事故隐患，从而减少和避免事故的发生。这既能有效保护职工的生命安全与身体健康，也能降低事故给企业带来的经济损失，确保企业生产经营活动的顺利进行，进而推动企业的良性发展，为经济社会的进步贡献力量。另一方面，工伤事故的减少，将大幅度降低由此引发的劳资争议，有利于建立和谐的劳动关系，进而促进社会和谐稳定。

Tips 相关链接

在我国，工伤预防与安全生产关系密切，存在互相促进的辩证关系。工伤预防在促进安全生产、保护职工的安全健康方面有着十分重要的意义和作用；反过来，安全生产对工伤预防也有十分重要的促进作用。

9. 职工工伤保险和工伤预防的权利和义务

（1）职工工伤保险和工伤预防的权利

职工工伤保险和工伤预防的权利主要体现在以下方面。

1）有权获得劳动安全卫生教育和培训，了解所从事的工作可能对身体健康造成的危害和可能发生的安全事故。

2）有权获得保障自身安全、健康的劳动条件和劳动防护用品。

3）有权对用人单位管理人员违章指挥、强令冒险作业予以拒绝。

4）有权对危害生命安全和身体健康的行为提出批评、检举和控告。

5）从事职业危害作业的，有权获得定期健康检查。

6）发生工伤时，有权得到抢救治疗。

7）发生工伤后，有权申请工伤认定和享受工伤保险待遇。

8）有权申请劳动能力鉴定和再次鉴定，认为伤残情况发生变化的，有权申请工伤职工复查鉴定。

9）因工致残尚有工作能力的，有权在就业方面得到特殊保护，得到职业康复培训和再就业帮助。依照法律规定，用人单位对因工致残的职工不得解除劳动合同，并应根据不同情况安排适当工作。

10）与用人单位发生工伤保险待遇方面争议的，有权按照处理劳动争议的有关规定处理；对工伤认定结论不服或对经办机构核定的工伤保险待遇持有异议的，可以依法申请行政复议，也可以依法向人民法院提起行政诉讼。

（2）职工工伤保险和工伤预防的义务

权利与义务是对等的，有相应的权利，就有相应的义务。职工工伤保险和工伤预防的义务主要体现在以下方面。

1)有义务遵守劳动纪律和用人单位的规章制度,做好本职工作和被临时指派的工作,服从本单位负责人的工作安排和指挥。

2)在劳动过程中必须严格遵守安全操作规程、正确使用劳动防护用品,依法接受劳动安全卫生教育和培训,配合用人单位积极预防工伤事故和职业病的发生。

3)申请工伤认定、劳动能力鉴定时,有义务如实反映发生的工伤事故和职业病的有关情况及工资收入、家庭等有关情况;当有关部门调查取证时,应当给予配合。

4)除紧急情况外,工伤职工应当到签订工伤保险服务协议的医疗机构进行治疗,对于治疗、劳动能力鉴定、康复等要接受有关机构的安排,并给予配合。

10. 工伤预防管理模式

目前,世界上工伤预防管理模式主要可以分为三类:第一类为独立型,即工伤保险机构自身单独管理和核算,从而使工伤预防体制相对独立。这种体制以意大利和德国为代表，在世界上为数不少。第二类为混合型，即由几个部门联合管理工伤预防，如英国和大多中欧、东欧国家，一般有两个相互独立的政府部门，一个主管职业安全，另一个主管职业卫生。第三类为附属型，即工伤预防职能归属于国家的某个部门，该部门主要负责劳动和卫生的管理，如日本、芬兰、荷兰和挪威等国。

目前我国的工伤预防管理模式主要有以下三个方面。

（1）扩大工伤保险覆盖面

工伤保险作为一种"保险"，大数法则是其一个十分重要的原则，即参加保险者必须有较大的人群才能共同应对风险，才能较好开展工伤预防等工作。

（2）费率机制预防措施

费率机制预防措施是指在筹集工伤保险基金的过程中，采取工伤保险行业差别费率和浮动费率机制，根据用人单位的工伤风险和工伤事故发生情况，调整用人单位的缴费费率，即对安全生产状况差、使用工伤保险基金多的用人单位提高缴费比例，对安全生产状况好、使用工伤保险基金少的用人单位降低缴费比例。这实质上是对两种不同情况的用人单位的奖惩措施，可以引导用人单位重视工伤预防，利用经济杠杆作用激励和督促用人单位加强安全生产管理和工伤预防工作。

（3）其他综合性预防措施

其他综合性预防措施主要指从工伤保险基金中提取一定比例的工伤预防费，做好工伤预防宣传与培训工作，提高用人单位和职工的工伤预防意识和能力，减少工伤事故和职业病的发生。

第2章 工伤事故与职业病防治概述

11. 工伤与职业病概念

（1）工伤概念

工伤，亦称职业伤害、工作伤害，各国的概念不尽相同。"工伤"一词比较规范的说法是在1921年国际劳工大会上通过的公约中提及的，即"由于工作原因受到事故伤害的情况为工伤"。1964年第48届国际劳工大会也规定了工伤补偿应将职业病和上下班交通事故包括在内。

第13次国际劳动统计会议使用了雇用事故的定义，它是指由雇用引起或在雇用过程中发生的事故（工业事故和上下班事故）。雇用伤害是指由雇用事故导致的所有伤害和所有职业病。

我国国家标准《社会保险术语 第5部分：工伤保险》（GB/T

31596.5—2015)中将"工伤"定义为"职工因工作遭受事故伤害或患职业病"。另外与工伤相关的概念有以下几种。

1)工伤风险。在工作过程中工伤发生的概率和造成危害的程度。

2)工伤发生率。在一定时期内,用人单位(或统筹地区)发生工伤的人次数占职工总人数的比率。

3)工伤预防。避免与降低工伤风险所采取的宣传和培训等手段和措施。

(2)职业病相关概念

《中华人民共和国职业病防治法》规定,职业病是指企业、事业单位和个体经济组织等用人单位的劳动者在职业活动中,因接触粉尘、放射性物质和其他有毒、有害因素而引起的疾病。《职业病诊断名词术语》(GBZ/T 157—2009)中,对职业病诊断及相关概念作出了解释。

1)职业病诊断。具有职业病诊断资质的医疗卫生机构,根据《中华人民共和国职业病防治法》《职业病诊断与鉴定管理办法》和相

关职业病诊断标准，以劳动者的职业病危害因素接触史、临床表现和医学检查结果为主要依据，结合既往病史、工作场所职业病危害因素检测情况等资料，综合分析其疾病的特征和发展变化是否符合相应的职业病特征、发生发展规律和流行病学规律，对接触职业病危害因素的劳动者作出是否患有职业病的诊断结论。

2）职业病诊断证明书。职业病诊断机构依据国家有关法规，向劳动者、用人单位出具的职业病诊断证明文件。

3）职业病诊断鉴定书。职业病诊断鉴定委员会依据国家有关法规向申请职业病鉴定的当事人出具的职业病鉴定结果证明文件。

4）职业病诊断标准。国家卫生健康委员会颁发的具有法规意义的职业病诊断技术标准。

5）职业病诊断分级标准。职业病诊断标准中，作为反映疾病严重程度分级的临床及实验室指标。

6）职业病诊断指标。职业病诊断标准中，作为职业病诊断依据的症状、体征和实验室检查的特异性或非特异性指标。

（3）法定职业病

职业病是一种人为的疾病。它的发生率直接反映疾病预防控制工作的水平。职业病除医学的含义外，还有立法意义，即职业病一般指国家规定的"法定职业病"。

法定职业病必须具备四个条件：一是患者主体仅限于企业、事业单位和个体经济组织等用人单位的劳动者；二是必须在从事职业活动的过程中产生；三是必须因接触粉尘、放射性物质和其他有毒、有害因素引起；四是必须列入国家规定的职业病范围。

12. 工伤事故常见种类

（1）电气事故

电气事故是指电气设备不正常运行或人员操作失误而直接或间接造成设备损坏、人员伤亡、环境破坏等后果的事件。电气事故可分为触电事故、静电事故、雷电灾害、射频辐射危害和电路故障五类。其中，触电事故的发生存在以下规律：错误操作和违章作业造成的触电事故多；中青年工人、非专业电工造成的触电事故多；低压设备造成的触电事故多；移动式设备和临时性设备造成的触电事故多；电气连接部位造成的触电事故多；6—9月触电事故多；具有环境特点。

（2）机械事故

机械事故是指在机械操作过程中，设备故障、操作失误、防护措施不到位等原因导致的人员伤亡事件。机械事故的种类包括：机械设备的零部件处于旋转运动状态时造成的伤害；机械设备的零部件处于直线运动状态时造成的伤害；刀具造成的伤害；被加工零部件造成的伤害；电气系统造成的伤害；手持工具造成的伤害；其他伤害。

（3）焊接切割事故

焊接切割需要高温热源，操作时，若操作人员未穿戴好防护用具，飞溅的火花极易烫伤皮肤、灼伤眼睛，引发不可逆损伤。设备漏电、回火处理不当等，也常导致操作人员触电、遭受灼烫。该类事故的种类包括：火灾、爆炸；触电；烫伤；弧光导致的眼病；粉尘爆炸等。

（4）火灾爆炸及危险化学品事故

火灾爆炸事故不仅会破坏工厂的设施和设备，而且会带来严重的人员伤亡。特别是爆炸的发生，不像火灾那样，没有初期灭火或疏散等机会。危险化学品事故同样是导致工伤的重要原因之一。包装破损、违规混放等极易导致危险化学品泄漏。一旦人员吸入或接触这些泄漏的物质，就可能发生中毒事故。而如果泄漏的化学品遇到明火，火灾爆炸事故就可能随之发生，给企业带来极其惨重的损失。

（5）起重事故

很多企业生产过程中都涉及起重作业。起重事故一般是指在起重作业过程中发生的，导致人员伤亡、财产损失、设备损坏或者对周边环境产生不良影响的意外事件。起重事故的类型包括坠落事故、触电事故、挤伤事故、机毁事故和其他事故，主要原因包括挤压碰撞人、触电（电击）、高处坠落、吊物（具）坠落砸人、机体倾翻等。

（6）场（厂）内运输事故

场（厂）内运输事故常见种类包括车辆伤害、物体打击、高处坠落、火灾爆炸等。其中以车辆伤害为主，其原因是多方面的，主要包括人（驾驶人员、行人、装卸工）、车（机动车与非机动车）、道路环境三个综合因素。在这三个因素中，人是最为重要的因素。

（7）建筑施工事故

建筑施工中最常见的事故为高处作业事故。在距坠落高度基准面2米及2米以上有可能坠落的高处进行的作业均称为高处作业。另外，建筑施工工伤的其他来源包括瓦工作业、抹灰作业、木工作业、钢筋工作业、架子工作业以及施工现场机动车驾驶作业等。

（8）矿山事故

矿山事故是指在矿山开采、挖掘、运输等作业环节中，因各类危险因素引发的，致使矿工身体受到伤害的意外事件。例如，发生冒顶片帮时，矿工躲避不及被砸伤；瓦斯爆炸瞬间释放巨大能量，造成烧伤、冲击伤；矿车脱轨，矿工被甩落受伤；电气设备故障造成火灾等。矿山事故既严重威胁矿工生命安全，也影响矿山的正常生产经营。

（9）道路交通事故

在工伤认定中，道路交通事故是指职工在上下班途中或因工作需要外出时，于道路上遭遇意外而受伤的情形。例如，职工驾车去拜访客户，途中突遭其他车辆违规变道撞击，身负重伤；职工骑电动自行车通勤，因雨天路滑被机动车碰撞摔倒。这类事故既让职工身体承受痛苦，也可能给企业带来赔付压力，干扰正常的工作秩序。

13. 造成事故的不安全行为与不安全心理

（1）不安全行为

一般来说，凡是能够或可能导致事故发生的人为错误均属于不安全行为。《企业职工伤亡事故分类》（GB 6441—1986）中规定的十三大类不安全行为如下：

1）操作错误，忽视安全，忽视警告。

2）造成安全装置失效。

3）使用不安全设备。

4）手代替工具操作。

5）物体（指成品、半成品、材料、工具、切屑和生产用品等）存放不当。

6）冒险进入危险场所。

7）攀、坐不安全位置（如平台护栏、汽车挡板、吊车吊钩）。

8）在起吊物下作业、停留。

9）机器运转时从事加油、修理、检查、调整、焊接、清扫等工作。

10）分散注意力的行为。

11）在必须使用劳动防护用品的作业或场合中，忽视其使用。

12）不安全装束（如在有旋转零部件的设备旁作业时穿肥大服装，操纵带有旋转零部件的设备时戴手套）。

13）对易燃易爆等危险物品处理错误。

（2）不安全心理

根据大量的工伤事故案例分析，导致职工发生职业伤害事故最常见的不安全心理主要有以下几种。

1）自我表现心理——"虽然我进厂时间短，但我年轻、聪明，干这活儿不在话下。"

2）经验心理——"多少年一直都是这样干的，干了多少遍了，不会有问题。"

3）侥幸心理——"完全照操作规程做太麻烦了，变通一下也不一定会出事吧。"

4）从众心理——"他们都没戴安全帽，我也不戴了。"

5）逆反心理——"凭什么听班长的呀？今天我就这么干，我就不信会出事。"

6）反常心理——"早上孩子肚子疼，自己去了医院，也不知道是什么病，真担心。"

案例解读

某日，某厂生产一班皮带操作工张某、和某两人打扫4号给矿皮带附近的场地，清理积矿。张某清扫完非人行道上的积矿后，准备到人行道上帮助和某清扫。为图方便，张某拿着1.7米长的铁铲违章从4号给矿皮带和5号给矿皮带之间穿越（当时，4号给矿皮带正以每秒2米的速度运行，5号给矿皮带已停运）。张某手里拿的铁铲触及4号给矿皮带的张紧轮，铁铲和人一起被卷到了皮带张紧轮上。铁铲的木柄被折成两段弹了出去，而张某的头部被顶在张紧轮外的支架上，在高速运转的皮带挤压下，导致其头骨破裂，当场死亡。

这起事故的直接原因是张某安全意识淡薄，自我保护意识极差，严重违反了皮带操作工安全操作规程中关于"严禁穿越皮带"的规定。事后据调查，张某曾多次违章穿越皮带，属于习惯性违章。正是他的违章行为，导致了这次人员死亡事故的发生。

这起事故给人们的教训是，企业应设置有效的安全防护设施，提高设备的本质安全水平。同时，对职工要加强教育，增强其安全意识，杜绝造成事故的不安全行为和不安全心理。

14. 安全生产教育和培训

《中华人民共和国安全生产法》第二十八条规定，生产经营单位应当对从业人员进行安全生产教育和培训，保证从业人员具备必要的安全生产知识，熟悉有关的安全生产规章制度和安全操作规程，掌握本岗位的安全操作技能，了解事故应急处理措施，知悉自身在安全生产方面的权利和义务。未经安全生产教育和培训合格的从业人员，不得上岗作业。

（1）安全生产教育和培训的对象

1）生产经营单位应当进行安全生产教育和培训的对象包括主要

负责人、安全生产管理人员、特种作业人员和其他从业人员。

2）生产经营单位使用被派遣劳动者的，应当将被派遣劳动者纳入本单位从业人员统一管理，对被派遣劳动者进行岗位安全操作规程和安全操作技能的教育和培训。劳务派遣单位应当对被派遣劳动者进行必要的安全生产教育和培训。

3）生产经营单位接收中等职业学校、高等学校学生实习的，应当对实习学生进行相应的安全生产教育和培训，提供必要的劳动防护用品。学校应当协助生产经营单位对实习学生进行安全生产教育和培训。

（2）安全生产教育和培训的核心目的

1）统一思想，提高认识。通过安全生产教育和培训，把职工的思想统一到"安全第一、预防为主、综合治理"的方针上来，使生产经营管理者和各级领导真正把安全摆在"第一"的位置，在从事生产经营管理活动中坚持"五同时"（即在计划、布置、检查总结、评比生产工作的同时计划、布置、检查、总结、评比安全工作）的基本原则；使广大职工认识到安全生产的重要性，从"要我安全"变为"我要安全""我会安全"，做到"三不伤害"（即不伤害自己、不伤害他人、不被他人所伤害），提高自觉抵制"三违"（即违章指挥、违章操作、违反劳动纪律）的能力。

2）提高企业的安全生产管理水平。安全生产管理包括对全体职工的安全生产管理，对设备、设施的安全技术管理和对作业环境的劳动卫生管理。通过安全生产教育和培训，提高各级领导干部的安全生产政策执行水平，掌握有关安全生产法律法规、制度，学习应用先进的安全生产管理方法、手段，提高全体职工在各自工作范围内对设备、设施和作业环境的安全生产管理能力。

3）提高全体职工的安全知识和安全技能水平。安全知识包括对生产活动中存在的各类危险因素和危险源的辨识、分析、预防、控制等知识，安全技能包括安全操作的技巧、紧急状态的应变能力以及发生事故时的急救、自救和处理能力。通过安全生产教育和培训，使广大职工掌握安全生产知识，提高安全操作水平，发挥自防自控的自我保护及相互保护作用，从而有效防止事故发生。

（3）安全生产教育和培训的内容

安全生产教育和培训的内容主要包括思想教育、法治教育、知识教育和技能训练。

1）思想教育主要是安全生产方针政策教育、形势任务教育和重要意义教育等。通过形式多样、丰富多彩的安全生产教育和培训，使各级经营管理者牢固树立起"安全第一"的思想，正确处理各自业务范围内的安全与生产、安全与效益的关系；主动采取事故预防措施；提升安全意识，激励安全动机，自觉采取安全行为。

2）法治教育主要是法律法规教育、执法守法教育、权利义务教育等。通过法治教育，使企业的各级经营管理者和全体职工知法、懂法、守法，以法律法规为准绳约束自己，履行自己的义务，以法律法规为武器维护自己的权利。

3）知识教育主要是安全生产管理、安全技术和劳动卫生知识教育。通过知识教育，使企业的各级经营管理者了解和掌握安全生产规律，熟悉自己业务范围内所需的安全生产管理理论和方法及相关的安全技术、劳动卫生知识，提高安全管理水平；使全体职工掌握必要的安全技术，提高企业的整体安全素质。

4）技能训练主要是针对各个不同岗位或工种的从业人员所需的安全生产方法和手段的训练，如安全操作技能训练、危险预知训练、紧急状态事故处理训练、自救互救训练、消防演习、逃生避险训练等。通过技能训练，使从业人员掌握必备的安全生产技能与技巧。

15. 安全生产规章制度

（1）安全生产规章制度的定义

安全生产规章制度是指生产经营单位依据有关法律法规、国家和行业标准，结合生产经营过程中的安全生产实际，以生产经营单位名义起草颁发的有关安全生产的规范性文件，一般包括规程、标准、规定、措施、办法、制度、指导意见等。

安全生产规章制度是生产经营单位落实有关安全生产法律法规、国家和行业标准，贯彻国家安全生产方针政策的行动指南，有效防范生产经营过程中安全生产风险，保障从业人员安全和健康，加强安全生产管理的重要措施。

（2）建立安全生产规章制度的意义

生产经营单位必须依法建立健全以安全生产责任制为核心的安全生产管理规章制度体系。安全生产规章制度是生产经营单位规章制度的重要组成部分，是有关法律、法规、标准在生产经营单位安全生产中的具体落实，是统一全体从业人员从事安全生产的行为准则。因此，所有生产经营单位必须建立健全一整套既符合有关法律、法规、标准，又符合生产经营单位生产经营管理实际的安全生产规章制度。

建立健全安全生产规章制度是生产经营单位安全生产的重要保

障。生产经营单位需要对生产工艺过程、机械设备、人员操作进行系统分析、评价，制定出一系列操作规程和安全控制措施，以保障生产经营工作合法、有序、安全地运行，将安全风险降到最低。在长期的生产经营活动中，生产经营单位积累了大量的安全风险防范措施，这些措施只有形成安全生产规章制度，才能有效得到继承和发扬。

建立健全安全生产规章制度是生产经营单位保护从业人员安全与健康的重要手段。只有通过安全生产规章制度的约束，才能防止生产经营单位安全生产管理的随意性，才能使从业人员进一步明确自己的安全生产义务，有效地保障从业人员的合法权益。同时，也为从业人员在生产经营过程中遵章守纪提供明确的标准和依据。

（3）安全生产规章制度的主要内容

一般生产经营单位制定的安全生产规章制度的主要内容包括安全生产教育和培训制度、安全检查制度、安全生产奖惩制度、事故的报告和处理制度、劳动防护用品管理制度、设备安全管理制度、危险作业管理制度、安全操作规程等。特殊或专项作业项目的安全生产规章制度可结合项目自身要求加以制定。

16. 作业现场安全信息

（1）安全色

安全色是指传递安全信息含义的颜色，包括红色、黄色、蓝色、绿色四种颜色。它以醒目的色彩向人们提供禁止、警告、指令、提示等安全信息。

1）红色传递禁止、停止、危险或提示消防设备设施的信息。禁止使用、停止使用和有危险的仪器设备或环境涂以红色的标记，如禁止标志、交通禁令标志、消防设备等。

2）黄色传递注意、警告的信息。需警告人们注意的仪器设备或环境涂以黄色标记，如警告标志、交通警告标志等。

3）蓝色传递必须遵守规定的指令性信息，如必须佩戴劳动防护用品标志、交通指示标志等。

4）绿色传递安全的提示性信息。可以通行或安全的情况涂以绿色标记，如允许通行标志、机器启动按钮、安全信号旗等。

（2）对比色

对比色是为了使安全色更加醒目所用的反衬色。

对比色有黑色和白色两种。黄色安全色的对比色为黑色，红色、蓝色、绿色安全色的对比色均为白色，而黑色、白色互为对比色。

1）黑色用于安全标志的文字、图形符号和警告标志的几何边框。

2）白色既可作为安全标志中红、蓝、绿安全色的背景色，也可用于安全标志的文字和图形符号。

3）红色与白色相间的条纹比单独使用红色更加醒目，表示禁止通行、禁止跨越等，用于公路交通等方面的防护栏杆及隔离墩等。

4）黄色与黑色相间的条纹比单独使用黄色更加醒目，表示要特别注意，用于起重吊钩、剪板机压紧装置、冲床滑块等。

5）蓝色与白色相间的条纹比单独使用蓝色更加醒目，用于指示方向，多为交通指导性导向标志。

（3）安全线

安全线是指工矿企业中用以划分安全区域与危险区域的分界线。厂房内安全通道的标示线、铁路站台上的安全线都是常见的安全线。

在生产过程中，有了安全线的标示，人们就能区分安全区域和危险区域，有利于人们对危险区域的认识和判断。

（4）安全标志

安全标志由图形符号、安全色、几何形状（边框）或文字构成，用以表达特定的安全信息。使用安全标志的目的是提醒人们注意不安全因素，防止事故发生，起到保障安全的作用。当然，安全标志本身并不能消除任何危险，也不能取代预防事故的相应设施。

1）安全标志的类型。安全标志分为禁止标志、警告标志、指令标志和提示标志四大类。

①禁止标志是禁止人们不安全行为的图形标志。其基本形式为带斜杠的圆边框。圆环和斜杠为红色，图形符号为黑色，衬底为白色。

禁止跨越

禁止吸烟

禁止饮用

②警告标志是提醒人们对周围环境引起注意，以避免可能发生危险的图形标志。其基本形式是正三角形边框。三角形边框及图形为黑色，衬底为黄色。

当心火灾

注意安全

当心触电

③指令标志是强制人们必须做出某种动作或采用防范措施的图形

标志。其基本形式是圆形边框。图形符号为白色，衬底为蓝色。

必须戴安全帽

必须戴防尘口罩

必须系安全带

④提示标志是向人们提供某种信息的图形标志。其基本形式是正方形边框。图形符号为白色，衬底为绿色。

避险处

紧急出口

可动火区

2）使用安全标志的相关规定。在有较大危险因素的生产经营场所或者有关设施设备上，必须依法设置明显的安全标志，以提醒、警告职工，使他们能时刻清醒地认识到所处环境的危险，提高注意力，加强自身安全保护。

在设置安全标志方面，我国已有诸多相关法律法规。如《中华人民共和国安全生产法》规定，生产经营单位应当在有较大危险因素的生产经营场所和有关设施设备上，设置明显的安全警示标志。安全标志必须符合国家标准。设置的安全标志，未经有关部门批准，不准移动和拆除。

17. 职业病的特点与分类

（1）职业病的特点

1）职业病的病因是明确的，即由于劳动者在职业活动过程中长期受到来自化学、物理、生物的职业病危害因素的侵害，或长期受不良的作业方法、恶劣的作业条件的影响。这些因素及影响对职业病的起因，直接或间接地、个别或共同地发生作用。例如，职业性苯中毒是劳动者在职业活动中接触苯引起的；尘肺病是劳动者在职业活动中吸入粉尘引起的。

2）疾病发生与劳动条件密切相关。职业病的发生与生产环境中有害因素的数量或强度、作用时间、劳动强度及个人防护等因素密切相关。例如，急性中毒多由短期内大量吸入毒物引起；慢性中毒则多由长期吸收较少量的毒物蓄积引起。

3）病因大多是可以检测的，而且其浓度或强度需要达到一定的程度，才能使劳动者致病，一般接触职业病危害因素的浓度或强度与病因有直接关系。

4）职业病不同于突发性事故或疾病，其病症要经过一个较长的逐渐形成期或潜伏期后才能显现，属于缓发性伤残。

5）职业病具有群体性发病特征，在接触同样有害因素的人群中，一般是同时或先后出现一批相同的职业病患者，很少出现仅有个别人发病的情况。

6）由于职业病多表现为体内生理器官或生理功能的损伤，因而是只见"病症"，不见"伤口"。

7）大多数职业病如能早期诊断、及时治疗、妥善处理，则预后较好。但有的职业病（如矽肺、煤工尘肺等）属于不可逆性损伤，很少有痊愈的可能，只能对症处理、减缓进程，故发现越晚，疗效越差。

8）除职业性传染病外，治疗个体无助于控制人群发病，必须有效"治疗"有害的工作环境。从病因上来说，职业病是完全可以预防的，发现病因，改善劳动条件，控制职业病危害因素，即可减少职业病的发生。

9）在同一生产环境从事同一工作的人群中，个体发生职业性损伤的概率和程度也有差别。

10）职业病的范围日趋扩大。随着科学技术进步和国家经济实力的提高，越来越多的职业病将被发现，所以职业病分类和目录也将不断调整。

（2）职业病分类

2024年12月11日，国家卫生健康委员会、人力资源和社会保障部、国家疾病预防控制局、中华全国总工会联合调整《职业病分类和目录》，自2025年8月1日起实施。新版目录将职业病分为12类135种，具体包括：职业性尘肺病及其他呼吸系统疾病（尘肺病13种，其他呼吸系统疾病6种），职业性皮肤病（9种），职业性眼病（3种），职业性耳鼻喉口腔疾病（4种），职业性化学中毒（59种），物理因素所致职业病（7种），职业性放射性疾病（13种），职业性传染病（5种），职业性肿瘤（11种），职业性肌肉骨骼疾病（2种），职业性精神和行为障碍（1种），其他职业病（2种）。

18. 职业病危害因素

（1）职业病危害因素的来源

1）生产工艺过程。职业病危害因素随着生产技术、机器设备、使用材料和工艺流程变化而变化，如与生产过程有关的原材料、工业毒物、粉尘、噪声、振动、高温、辐射及传染性因素等有关。

2）劳动过程。职业病危害因素与生产工艺的劳动组织情况、生产设备布局、生产制度与作业人员体位和方式以及智能化程度有关。

3）作业环境。职业病危害因素与作业场所的环境有关，如室外不良气象条件以及室内由于厂房狭小、车间位置不合理、照明不良与通风不畅等因素的影响都会对作业人员产生影响。

（2）职业病危害因素分类

2015年，国家卫生和计划生育委员会、国家安全生产监督管理总局、人力资源和社会保障部、中华全国总工会联合发布的《职业病危害因素分类目录》将职业病危害因素分为六大类，包括粉尘（共52种）、化学因素（共375种）、物理因素（共15种）、放射性因素（共8种）、生物因素（共6种）、其他因素（共3种），具体内容可查阅该目录。

19. 职业健康监护

（1）职业健康监护概念

职业健康监护属于二级预防范畴，目的是通过早期检查、早期发现疾病，及时采取预防措施。职业健康监护的定义为：以预防为目的，根据劳动者的职业接触史，通过定期或不定期的医学健康检查和健康相关资料的收集，连续性地监测劳动者的健康状况，分析劳动者健康变化与所接触的职业病危害因素的关系，并及时将健康检查和资料分析结果报告给用人单位和劳动者本人，以便及时采取干预措施，保护劳动者健康。职业健康监护主要包括职业健康检查、离岗后健康检查、应急健康检查和职业健康监护档案管理等内容。

（2）职业健康监护的目的

1）早期发现职业病、职业健康损害和职业禁忌证。

2）跟踪观察职业病及职业健康损害的发生、发展规律及分布情况。

3）评价职业健康损害与作业环境中职业病危害因素的关系及危害程度。

4）识别新的职业病危害因素和高危人群。

5）进行目标干预，包括改善作业环境条件，改革生产工艺，采用有效的防护设施和劳动防护用品，对职业病患者及疑似职业病和有职业禁忌证人员的处理与安置等。

6）评价预防和干预措施的效果。

7）为制定或修订卫生政策和职业病防治对策服务。

（3）职业健康检查

职业健康检查包括上岗前、在岗期间、离岗时职业健康检查。

1）上岗前职业健康检查。上岗前健康检查的主要目的是发现有无职业禁忌证，建立接触职业病危害因素人员的基础健康档案。上岗前健康检查均为强制性职业健康检查，应在开始从事有害作业前完成。下列人员应进行上岗前健康检查：

①拟从事接触职业病危害因素作业的新录用人员，包括转岗到该种作业岗位的人员。

②拟从事有特殊健康要求作业（如高处作业、电工作业、职业机动车驾驶作业等）的人员。

2）在岗期间定期健康检查。长期从事规定的需要开展健康监护的职业病危害因素作业的劳动者,应进行在岗期间的定期健康检查。定期健康检查的目的主要是早期发现职业病病人或疑似职业病病人或劳动者的其他健康异常改变;及时发现有职业禁忌证的劳动者;通过动态观察劳动者群体健康变化,评价工作场所职业病危害因素的控制效果。定期健康检查的周期根据不同职业病危害因素的性质、工作场所有害因素的浓度或强度、目标疾病的潜伏期和防护措施等因素决定。

3)离岗时职业健康检查。劳动者在准备调离或脱离所从事的职业病危害的作业或岗位前,应进行离岗时健康检查,主要目的是确定其在停止接触职业病危害因素时的健康状况。如最后一次在岗期间的健康检查是在离岗前的90日内,可视为离岗时检查。

(4)离岗后健康检查

一些职业病危害因素具有慢性健康影响,所致职业病或职业肿瘤常有较长的潜伏期或潜隐期,故劳动者脱离接触后仍有可能发生职业病。离岗后健康检查时间的长短应根据有害因素致病的流行病学及临床特点、劳动者从事该作业的时间长短、工作场所有害因素的浓度等因素综合考虑确定。

(5)应急健康检查

1)当发生急性职业病危害事故时,对遭受或者可能遭受急性职业病危害的劳动者,应及时组织健康检查。依据检查结果和现场劳动卫生学调查,确定危害因素,为急救和治疗提供依据,控制职业病危害的继续蔓延和发展。应急健康检查应在事故发生后立即开始。

2)从事可能产生职业性传染病作业的劳动者,在疫情流行期或近期密切接触传染源者,应及时开展应急健康检查,随时监测疫情动态。

 相关链接

职业病"三级预防"的内容如下：

一级预防又称病因预防，是从根本上消除或控制职业病危害因素对人的作用和损害，即改进生产工艺和生产设备，合理利用防护设施及劳动防护用品等，以减少或消除劳动者接触职业病危害因素的机会。

二级预防是早期检测和诊断人体受到职业病危害因素所致的健康损害并予以早期治疗、干预。其主要手段是定期进行职业病危害因素的识别与检测、对劳动者进行定期职业健康检查、加强新型生物监测指标的应用以及推进职业病的诊断和鉴定等，以早期发现病损和诊断疾病，及时预防、处理。

　　三级预防是指在劳动者患职业病以后，给予积极治疗和促进康复的措施，包括对已有健康损害的接触者调离原工作岗位，并给予合理的治疗；对生产环境和工艺过程进行改进；促进患者康复，预防并发症的发生和发展。

第3章 施工现场工伤事故预防管理

20. 作业人员安全生产职责

（1）木工安全生产职责

1）木工间内备有的消防器材应经常检查，严禁在工作场所吸烟和使用明火，不得存放易燃物品。

2）工作场所的木料应分类堆放整齐，保持道路畅通。

3）使用木工机械时应严格遵守操作规程。

4）高处作业时材料堆放应牢固可靠，工具使用后及时放回工具袋内，严禁抛掷工具或物件等。

5）木料加工处的废料、木屑等应及时清理，做到"落手清"。

6）使用木工机械时禁止戴线手套，操作时必须精力集中，认真操作，千万不可麻痹大意。

（2）油漆工安全生产职责

1）各种油漆材料（汽油、漆料、稀释剂等）应单独存放在专用库房内，不得与其他材料混放。库房应通风良好。易挥发的汽油、稀释剂等应装入密闭容器中，严禁在库房内吸烟和使用任何明火。

2）油漆材料的配制应遵守以下规定：

①调制油漆材料应在通风良好的房间内进行。调制有害油漆材料时，应戴好防毒面具，穿好与之相适应的劳动防护用品。工作完毕应将双手冲洗干净。

②工作完毕后，装有各种油漆材料的桶（箱）要加盖封严。

3）作业人员上岗前应进行健康检查，患有眼病、皮肤病、气管炎、结核病者不宜从事此项作业。

4）使用喷灯应遵守以下规定：

①使用喷灯前应检查开关及零部件是否完好，喷嘴要畅通。

②喷灯加油不得超过容量的 4/5。

③每次打气不能过足。点火应选择在空旷处,喷嘴不得对人。气筒部分出现故障时,应先熄灭喷灯,再修理。

5)在外墙、外窗、外楼梯等处进行高处作业时,应系好安全带。安全带应高挂低用,挂在牢靠处。刷窗户时,严禁站在或骑在窗户护栏上;刷封檐板或水落管时,应站在脚手架或专用操作平台上。

6)作业时要注意脚手架的安全,下雪后要及时清雪,雨天不准在无防滑措施的情况下进行作业,脚手架所有系拉铁丝不得任意剪除,防止脚手架倒塌。

7)作业时,如感到头痛、恶心、胸闷和心悸等,应立即停止作业,到户外通风处休息。

(3)钢筋工安全生产职责

1)进入施工现场必须戴好安全帽,并扣好帽箍,正确使用劳动防护用品。

2)作业人员必须经过专业培训,学徒必须由师傅带领。

3)熟悉图纸和施工安全技术规范,每周接受安全讲评。

4)发现作业场所有不安全因素,应停止作业,并向有关责任人汇报,排除隐患后方可继续作业。

5)严禁违章作业。

6)高处作业不得乱抛物件。

7)钢筋搬运、加工、绑扎过程中发生钢筋脆断和其他异常情况时,应立刻停止作业,向有关部门汇报。

8)按设计图纸及现行施工规范加工、绑扎钢筋,不得偷工减料,不得弄虚作假。

9）经常检查工作环境及脚手架、脚手板使用情况，做好文明施工。

（4）混凝土工安全生产职责

1）严格执行安全生产规章制度，拒绝违章指挥，杜绝违章作业。

2）认真学习和执行本工种安全操作规程，熟知安全知识。

3）坚持上班自检制度。

4）严格执行安全技术施工方案和安全技术交底，不得任意变更、拆除安全防护措施，并不得动用与本班组无关的机械和电气设备，加强自我保护意识。

5）正确使用劳动防护用品。

6）混凝土工作业时使用的各种机械必须有可靠的接地、接零保护。

7）夜间施工照明灯具应齐全有效，行走运输信号要明显。

8）吊斗运料严禁冒高，以防坠落伤人。

9）采用井架上料时，井架及施工便道两边的防护要稳固可靠。

10）各种机械设备必须由懂得机械原理与维修的专人操作。

11）对各级检查提出的安全隐患，要按要求及时整改。

（5）架子工安全生产职责

1）架子工必须熟悉脚手架安全操作规程，认真选材，严格按规程搭设，在搭设中要正确佩戴和使用劳动防护用品。

2）作业人员必须持证上岗，并自觉遵守现场安全操作规程。

3）脚手架的维修保养每三个月进行一次，遇大风或大雨天气应事先认真检查，必要时采取加固措施。

4）脚手架搭设完毕，架子工应通知安全管理部门会同有关人员共同验收，验收合格并挂牌后方可使用。

5）工程完工拆除脚手架前，应先进行检查；如遇薄弱环节，应先加固后拆除。

6）拆除脚手架时必须设置警戒范围，送至地面的杆件应及时分类堆放整齐。

（6）防水工安全生产职责

1）认真学习防水工安全操作规程，熟知安全知识，严格执行规章制度和操作规程，不得违章作业，不冒险蛮干，拒绝违章指挥。

2）熟记本岗位在工作中需掌握的风险点、危险源及相应的管控措施和管控级别，遇有新的危险源时及时上报上一级管理人员。

3）正确使用劳动防护用品，戴好安全帽和防护手套，穿好防护鞋，危险处施工应系好安全带。

4）屋面周围应设防护栏杆，屋面上的孔洞应加盖封严或者在孔洞周边设置防护栏杆,并加设水平安全网。

5)作业人员要衣着整齐,不得赤脚、穿短裤,裤脚、袖口应扎紧。

6)对每次查出的安全隐患,按要求及时整改。

7)发生事故或未遂事故立即向班组长或有关负责人报告,参加事故分析,积极提出防止事故发生、促进安全生产、改善劳动条件的合理化建议。

正确佩戴和使用劳动防护用品才能保障职工人身安全和用人单位安全生产。

法律提示

《施工脚手架通用规范》(GB 55023—2022)由住房和城乡建设部发布,自2022年10月1日起实施。该规范为强制性工程建设规范,全部条文必须严格执行。现行工程建设标准中有关规定与该规范不一致的,以该规范的规定为准。

该规范的主要内容包括总则,基本规定,材料与构配件,设计、搭设、使用与拆除,以及检查与验收。

21. 施工现场专业人员安全生产职责

施工现场专业人员包括施工员、质量员、安全员、标准员、材料员、机械员、劳务员、资料员。

（1）施工员安全生产职责

施工员是指在施工现场，从事施工组织策划、施工技术与管理，以及施工进度、成本、质量和安全控制等工作的专业人员。

其安全生产职责包括：参与施工组织管理策划；参与制定管理制度；参与图纸会审、技术核定；负责施工作业班组的技术交底；负责组织测量放线、参与技术复核；参与制订并调整施工进度计划、施工资源需求计划，编制施工作业计划；参与做好施工现场组织协调工作，合理调配生产资源，落实施工作业计划；负责施工平面布置的动态管理；参与质量、环境与职业健康安全的预控；负责施工作业的质量、环境与职业健康安全过程控制，参与隐蔽、分项、分部和单位工程的质量验收；参与质量、环境与职业健康安全问题的调查，提出整改措施并监督落实等。

（2）质量员安全生产职责

质量员是指在施工现场，从事施工质量策划、过程控制、检查、监督、验收等工作的专业人员。

其安全生产职责包括：参与施工质量策划；参与制定质量管理制度；参与材料、设备的采购；负责核查进场材料、设备的质量保证资料，监督进场材料的抽样复验；负责监督、跟踪施工试验，负责计量器具的符合性审查；参与施工图会审和施工方案审查；参与制定工序质量控制措施；负责工序质量检查和关键工序、特殊工序的旁站检查,参与交接检验、隐蔽验收、技术复核;负责分项工程的质量验收、评定,参与分部工程和单位工程的质量验收、评定;参与制定质量通病预防和纠正措施;负责监督质量缺陷的处理;参与质量事故的调查、分析和处理等。

(3)安全员安全生产职责

安全员是指在施工现场,从事施工安全策划、检查、监督等工作的专业人员。

其安全生产职责包括:参与制订施工项目安全生产管理计划;参与建立安全生产责任制度;参与制定施工现场安全事故应急救援预案;参与开工前安全条件检查;参与施工机械、临时用电、消防设施等的安全检查;负责劳动防护用品的符合性审查;负责作业人员的安全生产教育培训和特种作业人员资格审查;参与编制危险性较大的分部、分项工程专项施工方案;参与施工安全技术交底;负责施工作业安全及消防安全的检查和危险源辨识,对违章作业和安全隐患进行处置;参与施工现场环境监督管理;参与组织安全事故应急救援演练,参与组织安全事故救援;参与安全事故的调查、分析等。

第3章 施工现场工伤事故预防管理

（4）标准员安全生产职责

标准员是指在施工现场，从事工程建设标准实施组织、监督、效果评价等工作的专业人员。

其安全生产职责包括：参与企业标准体系表的编制；负责确定工程项目应执行的工程建设标准，编列标准强制性条文，并配置标准有效版本；参与制定质量安全技术标准落实措施及管理制度；负责组织工程建设标准的宣贯和培训；参与施工图会审，确认执行标准的有效性；参与编制施工组织设计、专项施工方案、施工质量计划、职业健康安全与环境计划，确认执行标准的有效性；负责建设标准实施交底；负责跟踪、验证施工过程标准执行情况，纠正执行标准过程中的偏差，重大问题提交企业标准化委员会；参与工程质量、安全事故调查，分析标准执行中的问题；负责汇总标准执行确认资料、记录工程项目执行标准的情况，并进行评价；负责收集对工程建设标准的意见、建议，并提交企业标准化委员会等。

（5）材料员安全生产职责

材料员是指在施工现场，从事施工材料计划、采购、检查、统计、核算等工作的专业人员。

其安全生产职责包括：参与编制材料、设备配置计划；参与建立材料、设备管理制度；负责收集材料、设备的价格信息，参与供应单位的评价、选择；负责材料、设备的选购，参与采购合同的管理；负责进场材料、设备的验收和抽样复检；负责材料、设备进场后的接收、发放、储存管理；负责监督、检查材料、设备的合理使用；参与回收和处置剩余及不合格材料、设备等。

（6）机械员安全生产职责

机械员是指在施工现场，从事施工机械的运行计划、安全使用监督检查、成本统计核算等工作的专业人员。

其安全生产职责包括：参与制订施工机械设备使用计划，负责制订维护保养计划；参与制定施工机械设备管理制度；参与审查特种设备安装、拆卸单位资质和安全事故应急救援预案、专项施工方案；参与特种设备安装、拆卸的安全管理和监督检查；参与施工机械设备的检查验收和安全技术交底，负责特种设备使用备案、登记；参与组织施工机械设备操作人员的教育培训和资格证书查验，建立机械特种作业人员档案；负责监督检查施工机械设备的使用和维护保养，检查特种设备安全使用状况；负责落实施工机械设备安全防护和环境保护措施；参与施工机械设备事故调查、分析和处理等。

（7）劳务员安全生产职责

劳务员是指在施工现场，从事劳务管理计划、劳务人员资格审查与培训、劳动合同与工资管理、劳务纠纷处理等工作的专业人员。

其安全生产职责包括：参与制订劳务管理计划；参与组建项目劳务管理机构和制定劳务管理制度；负责验证劳务分包队伍资质，办理登记备案；参与劳务分包合同签订，对劳务队伍现场施工管理情况进行考核评价；负责审核劳务人员身份、资格，办理登记备案；参与组织劳务人员培训；参与或监督劳务人员劳动合同的签订、变更、解除、终止及参加社会保险等工作；负责或监督劳务人员进出场及用工管理等。

（8）资料员安全生产职责

资料员是指在施工现场，从事施工信息资料的收集、整理、保管、归档、移交等工作的专业人员。

其安全生产职责包括：参与制订施工资料管理计划；参与建立施工资料管理规章制度；负责建立施工资料台账，进行施工资料交底；负责施工资料的收集、审查及整理等。

22. 混凝土机械设备操作规范

（1）混凝土搅拌机

1）作业区，应排水通畅，并应设置沉淀池及防尘设施；操作人员视线应良好；操作台应铺设绝缘垫板。

2）作业前，应重点检查确认料斗上下限位装置灵敏有效，保险销、保险链齐全完好；钢丝绳报废应按现行国家标准的规定执行；制动器、离合器应灵敏可靠；各传动机构、工作装置应正常；开式齿轮、皮带轮等传动装置的安全防护罩应齐全可靠；齿轮箱、液压油箱内的油质和油量应符合要求。

3）作业前，应进行空载运转，确认搅拌筒或叶片运转方向正确；反转出料的搅拌机应先进行正、反转运转试验；空载运转时，不得有冲击现象和异常声响。

4）供水系统的仪表计量应准确，水泵、管道等部件应连接可靠，不得有泄漏。

5）搅拌机不宜带载启动，达到正常转速后才能上料，上料量及上料程序应符合使用说明书的规定。

6）搅拌机运转时，不得进行维修、清理工作。当作业人员需进入搅拌筒内作业时，应先切断电源，锁好开关箱，悬挂"禁止合闸"

的警示牌，并应派专人监护。

7）作业完毕，宜将料斗降到最低位置，并应切断电源。

（2）混凝土喷射机

1）管道应安装正确，连接处应紧固密封；当管道通过道路时应有保护措施。

2）喷射机内部应保持干燥和清洁；应按出厂说明书规定的配合比配料，不得使用结块的水泥和未经筛选的砂石。

3）作业前应重点检查确认安全阀灵敏可靠；电源线应无破损现象，接线应牢靠；各部位的密封件应密封良好，橡胶结合板和旋转板上出现的明显沟槽应及时修复；压力表指针显示应正常，应根据输送距离及时调整风压的上限值；喷枪水环管应保持畅通。

4）启动时，应按顺序分别接通风、水、电。开启进气阀时，应逐步达到额定压力。启动电动机后，应空载运转，确认一切正常后方可投料作业。

5）发生堵管时，应先停止喂料，敲击堵塞部位，使物料松散，然后用压缩空气吹通。操作人员作业时，应紧握喷嘴，不得甩动管道。

6）停机时，应先停止加料，再关闭电动机，然后停止供水，最后停送压缩空气，并应将仓内及输料管内的混合料全部喷出。

7）停机后，应将输料管、喷嘴拆下清洗干净，清除机身内外黏附的混凝土料及杂物，并应使密封件处于放松状态。

（3）混凝土输送泵

1）混凝土泵应安放在平整、坚实的地面上，周围不得有障碍物，机身应保持水平和稳定，轮胎应搂紧。

2）混凝土输送管道的敷设应符合下列规定：

①管道敷设前应检查确认管壁的磨损量符合使用说明书的要求，管道不得有裂纹、砂眼等缺陷。新管或磨损量较小的管道应敷设在泵出口处。

②管道应使用支架或与建筑结构固定牢固。泵出口处的管道底部应依据泵送高度、混凝土排量等设置独立的基础，并能承受相应荷载。

③敷设垂直向上的管道时，垂直管不得直接与泵的输出口连接，应在泵与垂直管之间敷设长度不小于15米的水平管，并加装逆止阀。

④敷设向下倾斜的管道时，应在泵与斜管之间敷设长度不小于5倍落差的水平管。当倾斜度大于7度时，应加装排气阀。

3）作业前应检查并确认管道连接处管卡扣牢，不得泄漏。混凝土泵的安全防护装置应齐全可靠，各部位操纵开关、手柄等位置应正确，搅拌斗防护网应完好牢固。

4）混凝土泵启动后，应空载运转，观察各仪表的指示值，检查泵和搅拌装置的运转情况，并确认一切正常后作业。泵送前应向料斗加入清水和水泥砂浆润滑泵及管道。

5）混凝土泵在开始或停止泵送混凝土前，作业人员应与出料软管保持安全距离，作业人员不得在出料口下方停留。出料软管不得埋在混凝土中。

6）泵送混凝土的排量、浇筑顺序应符合混凝土浇筑施工方案的要求。施工荷载应控制在允许范围内。

7）混凝土泵工作时，料斗中混凝土应保持在搅拌轴线以上，不应吸空或无料泵送。

8）混凝土泵作业后应将料斗和管道内的混凝土全部排出，并对泵、料斗、管道进行清洗。清洗作业应按说明书要求进行，不宜采用压缩空气进行清洗。

23. 钢筋机械设备操作规范

（1）钢筋冷拉机

1）冷拉作业场地应设置警戒区，并应安装防护栏杆及警告标志。非操作人员不得进入警戒区。作业时，操作人员与受拉钢筋的距离应大于2米。

2）采用配重控制的冷拉机应有指示起落的记号或专人指挥。冷拉机的滑轮、钢丝绳应相匹配。配重提起时，配重离地高度应小于300毫米。配重架四周应设置防护栏杆及警告标志。

3）作业前，应检查确认冷拉机夹齿完好；滑轮、拖拉小车应润滑灵活；拉钩、地锚及防护装置应齐全牢固。

4）采用延伸率控制的冷拉机，应设置明显的限位标志，并应有专人负责指挥。

5）照明设施宜设置在张拉警戒区外；当需设置在警戒区内时，照明设施安装高度应大于5米，并应有防护罩。

6）作业后，应放松卷扬钢丝绳，落下配重，切断电源，并锁好开关箱。

（2）钢筋切断机

1）机械未达到正常转速前，不得切料。操作人员应使用切刀的中下部位切料，应紧握钢筋对准刃口迅速投入，并站在固定刀片一侧用力压住钢筋，防止钢筋末端弹出伤人。不得用双手在刀片两边握住钢筋切料。

2）操作人员不得剪切超过机械性能规定强度及直径的钢筋或烧红的钢筋。一次切断多根钢筋时，其总截面积应在规定范围内。剪切低合金钢筋时，应更换高硬度切刀，剪切直径应符合机械性能的规定。

3）切断短料时，手和切刀之间的距离应大于150毫米，并采用套管或夹具将切断的短料压住或夹牢。

4）机械运转中，不得用手直接清除切刀附近的断头和杂物。在钢筋摆动范围和机械周围，非操作人员不得停留。

5）当发现机械有异常响声或切刀歪斜等不正常现象时，应立即停机检修。

6）液压式切断机启动前，应检查并确认液压油位符合规定。切断机启动后，应空载运转，检查确认电动机旋转方向符合规定，并打开放油阀，在排净液压缸体内的空气后开始作业。

7）手动液压式切断机使用前，应将放油阀按顺时针方向旋紧。作业完毕后，应立即按逆时针方向旋松。

（3）钢筋弯曲机

1）启动前，应检查并确认芯轴、挡铁轴、转盘等不得有裂纹和损伤，防护罩应有效。在空载运转并确认正常后，开始作业。

2）作业时，应将需弯曲的一端钢筋插入转盘固定销的间隙内，将另一端紧靠机身固定销，并用手压紧，在检查确认机身固定销安放在挡住钢筋的一侧后才能启动机械。

3）在弯曲作业时，不得更换轴芯、销子和变换角度以及调速，不得进行清扫和加油。

4）操作人员应站在机身设有固定销的一侧。成品钢筋应堆放整齐，弯钩不得朝上。

5）对超过机械铭牌规定直径的钢筋不得进行弯曲。在弯曲未经冷拉或带有锈皮的钢筋时，应戴防护镜。

6)转盘换向应在弯曲机停稳后进行。

(4)钢筋冷拔机

1)启动机械前,应检查确认机械各部位的连接牢固,模具不得有裂纹,轧头与模具的规格应配套。

2)钢筋冷拔量应符合机械出厂说明书的规定。机械出厂说明书未作规定时,可按每次冷拔缩减模具孔径 0.5~1 毫米进行。

3)轧头时,应先将钢筋的一端穿过模具,钢筋穿过的长度宜为 100~150 毫米,再用夹具夹牢。

4)作业时,操作人员的手与轧辊应保持 300~500 毫米的距离。不得用手直接接触钢筋和滚筒。

5)冷拔模架中应随时加足润滑剂,润滑剂可采用石灰和肥皂水调和晒干后的粉末。

6)当钢筋的末端通过冷拔模后,应立即脱开离合器,同时用手闸挡住钢筋末端。

7)冷拔过程中,当出现断丝或钢筋打结乱盘时,应立即停机处理。

（5）钢筋螺纹成型机

1）在机械使用前，应检查确认刀具安装正确，连接应牢固，运转部位润滑应良好，不得有漏电现象。空车试运转并确认正常后才能开始作业。

2）钢筋应先调直再下料。钢筋切口端面应与轴线垂直，不得用气割下料。

3）加工锥螺纹时，应采用水溶性切削润滑液。当气温低于0摄氏度时，可掺入15%~20%亚硝酸钠。套丝作业时，不得用机油作润滑液，更不能不加润滑液。

4）加工时，钢筋应夹持牢固。

5）机械在运转过程中，不得清扫刀片上面的积屑杂物或进行检修。

6）不得加工超过机械铭牌规定直径的钢筋。

24. 手持电动工具操作规范

（1）使用手持电动工具时，应正确穿戴劳动防护用品。施工区域光线应充足。

（2）刀具应保持锋利，并应完好无损；砂轮不得受潮、变形、破裂或接触过油、碱类，受潮的砂轮片不得自行烘干，应使用专用机具烘干。手持电动工具的砂轮和刀具安装应稳固、配套，安装砂轮的螺母不得过紧。

（3）手持电动工具的负荷线应采用耐气候型橡胶护套铜芯软电

缆,并不得有接头,水平距离宜不大于3米,负荷线插头插座应具备专用的保护触头。

(4)机具启动后,应空载运转,检查并确认机具转动灵活。

(5)作业时,加力应平稳,不得超载使用。作业中应注意声响及温升,发现异常应立即停机检查。在作业时间过长,机具温升超过60摄氏度时,应停机冷却。

(6)作业中,不得用手触摸刃具、模具和砂轮,发现其有磨钝、破损情况时,应立即停机修整或更换。

 相关链接

使用电钻、冲击钻或电锤时,应符合下列规定:

(1)机具启动后,应空载运转,应检查确认机具联动灵活。

(2)钻孔时,应先将钻头抵在工件表面,然后开动,用力应适度,不得晃动。

(3)转速急剧下降时,应减小用力,防止电机过载,不得用木杠加压钻孔。

(4)电钻和冲击钻或电锤实行40%断续工作制,不得长时间连续使用。

25. 电气事故与电工操作

(1)电气事故的分类

1)触电。触电是由电流的能量造成的,是指电流流经人体,造成生理伤害的事故。电流对人体的伤害可以分为电击和电伤。绝大部分触电死亡事故是电击造成的。与电伤相比,电击致命的电流小得多,但电流作用时间较长,而且在人体表面一般不留下明显的痕迹。

2)静电事故。静电是指生产过程中,由于某些材料的相对运动(接触与分离)而积累起来的相对静止的正电荷和负电荷。这些电荷周围的场中储存的能量不大,不会直接致人死亡。但是,静电电压可高达数万乃至数十万伏,可能在现场发生放电,产生静电火花。在火灾和爆炸危险场所,静电火花是十分危险的因素。

3)雷电灾害。雷电是大气放电现象,是由大自然的力量分离和积累的电荷,即在局部范围内的正电荷和负电荷暂时失去平衡所产生的。雷电放电具有电流大、电压高等特点,能产生极大的破坏力。雷电的危害包括直接雷击、闪电电涌侵入等,除可能毁坏设备设施外,还可能直接伤及人、畜,甚至引起火灾和爆炸。

4)射频辐射危害。射频辐射危害即电磁场伤害。人体在高频电磁场作用下吸收辐射能量,会导致中枢神经系统、心血管系统等受到

不同程度的伤害。射频辐射危害还表现为感应放电。

5）电路故障。电路故障是由电能传递、分配、转换失去控制造成的。断线、短路、接地故障、漏电、电气设备或电气元件损坏等都属于电路故障。电路故障极易对人身安全造成危害。

（2）电工作业时的注意事项

1）电工作业时必须穿好绝缘鞋，一般情况下严禁带电作业。

2）登高作业必须两人以上共同进行，并戴好安全帽，对用电现场采取安全措施。所有用电设备均应接地良好，发现问题要及时修理。

3）检修时应切断电源，挂上"不准合闸"的告示牌。检修完工后必须认真检查，确定无问题方能送电。

4）各种机械设备严禁超负荷运转，对违反安全操作规程的有权停止供电。

5）现场传动机械必须做到"一机一闸",严禁"一闸多用"。

6）做好井架限位、避雷装置、漏电开关定期测试工作,发现其失灵失效必须及时调换。

7）必须严格按照《建筑与市政工程施工现场临时用电安全技术标准》(JGJ/T 46—2024)的规定进行作业。

法律提示

> 《建筑与市政工程施工现场临时用电安全技术标准》(JGJ/T 46—2024)为行业标准,自2025年1月1日起实施。该标准内容包括:总则,术语和代号,配电系统,配电装置,配电室及自备柴油发电机组,配电线路,电动建筑机械和手持式电动工具,外电线路及电气设备防护,照明,临时用电工程管理等。

26. 电气设备基础技术规定

(1)施工现场所使用的电动施工机具应符合国家强制认证标准规定。

(2)施工现场所使用的电动施工机具的防护等级应与施工现场的环境相适应;应根据其类别设置相应的间接接触电击防护措施。

(3)应对电动施工机具的使用、保管、维修人员进行安全技术教育和培训;应根据电动施工机具产品的要求及实际使用条件,制定相应的安全操作规程。

(4)电动施工机具需要移动时,不得手提电源线或工具的可旋转部分。

（5）电动施工机具使用完毕、暂停工作、遇突然停电时应及时切断电源。

（6）施工现场使用手持式电动工具应符合现行国家标准《手持式电动工具的管理、使用、检查和维修安全技术规程》（GB/T 3787—2017）的有关规定。

（7）电焊机的外壳应可靠接地，不得串联接地；裸露导电部分应装设安全保护罩；一次侧的电源电缆应绝缘良好，其长度不宜大于5米；二次线应采用橡皮绝缘橡皮护套铜芯软电缆，电缆长度不宜大于30米，不得采用金属构件或结构钢筋代替二次线的地线。

（8）供用电设施投入运行前，应建立、健全供用电管理机构，设立运行、维修专业班组并明确职责及管理范围；应根据用电情况制定用电、运行、维修等管理制度以及安全操作规程，运行、维护专业人员应熟悉有关规章制度；应建立用电安全岗位责任制，明确各级用电安全负责人。

（9）一般场所宜选用额定电压为220伏的照明器；隧道、人防工程、高温、有导电灰尘、潮湿场所的照明电源电压不应大于36伏；灯具离地面高度小于2.5米场所的照明，电源电压不应大于36伏；易触及带电体场所的照明，电源电压不应大于24伏；导电良好的地面、锅炉或金属容器等受限空间作业的照明，电源电压不应大于12伏。

（10）照明灯具的金属外壳应与保护接地导体（PE）做电气连接，照明开关箱内应装设隔离开关、短路与过载保护电器和剩余电流动作保护器；室外220伏灯具距地面不应小于3米，室内220伏灯具距地面不应小于2.5米。普通灯具与易燃物之间的距离不宜小于300毫米；自身发热较高灯具与易燃物之间的距离不宜小于500毫米，且不得直接照射易燃物。达不到上述安全距离时,应采取隔热措施。

 相关链接

> 国家标准《手持电动工具的管理、使用、检查和维修安全技术规程》(GB/T 3787—2017)规定,手持电动工具使用单位应有专职人员进行定期检查,每年至少检查一次,在湿热和常有温度变化的地区或使用条件恶劣的地方还应相应缩短检查周期,在梅雨季节前应及时进行检查。

27. 电气配套设施安全规定

(1)保护接地和保护接零

1)电力系统有一点直接接地,电气装置的外露可导电部分通过保护接地导体与该接地点相连接的系统叫做 TN 系统。施工现场临时用电工程专用的电源中性点直接接地的 220/380 伏三相四线制低压电力系统,应采用 TN-S 系统 [TN-S 系统中,中性导体(N)与保护接地导体(PE)分开敷设]。

2)在施工现场专用变压器供电的 TN-S 系统中,电气设备的金属外壳应与保护接地导体(PE)连接。

3)当施工现场与外电线路共用同一供电系统时,电气设备的接地应与原系统保持一致。

4)在 TN 系统中,通过总剩余电流动作保护器的中性导体(N)与保护接地导体(PE)之间不得再做电气连接。

5)在 TN 系统中,保护接地导体(PE)应与中性导体(N)分开敷设。PE 接地必须与保护接地导体（PE）相连接，严禁与中性导体（N）相连接。

6）施工现场内的塔式起重机、施工升降机、物料提升机等起重机械，以及钢脚手架和正在施工的在建工程等的金属结构，在相邻建筑物、构筑物等设施的防雷装置接闪器的保护范围以外时，应按有关规定安装防雷装置。

7）机械做防雷接地时，机械上电气设备所连接的保护接地导体（PE）必须同时做重复接地，同一台机械的电气设备的重复接地和防雷接地可共用同一接地体，但接地电阻应符合重复接地电阻的要求。

（2）配电箱

1）总配电箱可下设若干台分配电箱；分配电箱可下设若干台开关箱。总配电箱应设在靠近电源的区域，分配电箱应设在用电设备或负荷相对集中的区域，分配电箱与开关箱的距离不应超过 30 米，开关箱与其控制的固定式用电设备的水平距离不宜超过 3 米。

2）每台用电设备应有各自专用的开关箱，不得用同一个开关箱直接控制 2 台及以上用电设备（含插座）。动力配电箱与照明配电箱宜分别设置。当合并设置为同一配电箱时，动力和照明应分路配电；动力开关箱与照明开关箱必须分设。

3）配电箱、开关箱应装设在干燥、通风及常温场所，不得装设在有严重损伤作用的瓦斯、烟气、潮气及其他有害介质中，亦不得装设在易受外来固体物撞击、强烈振动、液体浸溅及热源烘烤场所。

4）配电箱电缆的进线口和出线口应设在箱体的底面，当采用工业连接器时可在箱体侧面设置。工业连接器配套的插头插座、电缆耦合器、器具耦合器等应符合《工业用插头插座和耦合器》（GB/T

11918）系列标准的有关规定。

5）配电箱内的连接线应采用铜排或铜芯绝缘导线，当采用铜排时应有防护措施；连接导线不应有接头、线芯损伤及断股。

6）移动式配电箱的进线和出线应采用橡套软电缆。

7）配电箱的进线和出线不应承受外力，与金属尖锐断口接触时应有保护措施。

（3）配电线路

1）施工现场配电线路路径选择应结合施工现场规划及布局，在满足安全要求的条件下，方便线路敷设、接引及维护。

2）配电线路的敷设方式应根据施工现场环境特点，以满足线路安全运行、便于维护和拆除的原则来选择，敷设方式应能够避免受到机械性损伤或其他损伤；供用电电缆可采用架空、直埋、沿支架等方式进行敷设；不应敷设在树木上或直接绑挂在金属构架和金属脚手架上；不应接触潮湿地面或接近热源。

3）电缆选型应根据敷设方式、施工现场环境条件、用电设备负荷功率及距离等因素进行选择，低压配电线路截面的选择和保护应符合现行国家标准《低压配电设计规范》(GB 50054—2011)的有关规定。

4）架空线路至邻近线路或固定物的距离应符合有关规定，在建工程不得在外电架空线路保护区内搭设生产、生活等临时设施或堆放构件、架具、材料及其他杂物等。

5）当需在外电架空线路保护区内施工或作业时，应在采取安全措施后进行。当施工现场道路设施等与外电架空线路的最小距离达不到有关规定时，应采取隔离防护措施。架设防护设施时，应采用线路暂时停电或其他可靠的安全技术措施，并应有电气专业技术人员和专职安全人员监护，防护设施与外电架空线路之间的安全距离应满足有关规定。

（4）变电设施

1）变电所的设计应符合现行国家标准《20 kV及以下变电所设计规范》(GB 50053—2013)的有关规定。

2）变电所位置的选择应方便日常巡检和维护，不应设在易受施工干扰、地势低洼易积水的场所。

3）变电所面积与高度应满足变配电装置的维护与操作所需的安全距离；变配电室内应配置适用于电气火灾的灭火器材；变配电室应设置应急照明；变电所外醒目位置应标识维护运行机构、人员、联系方式等信息，应设置排水设施。

4）箱式变电站外壳应有可靠的保护接地，留设的通风孔应能防止小动物进入；装有成套仪表和继电器的屏柜、箱门，应与壳体进行可靠电气连接。户外箱式变电站的进出线应采用电缆，所有的进出线电缆孔都应封堵。

5）变电所变配电装置安装完毕或检修后，投入运行前应对其内部的电气设备进行检查和电气试验，合格后方可投入运行。

6）变压器第一次投运时，应进行5次空载全电压冲击合闸，并应无异常情况；第一次受电后持续时间不应少于10分钟。

28. 高处作业危险因素与安全技术

（1）引起高处坠落的危险因素

1）阵风风力五级（风速8米/秒）以上。

2）平均气温≤5摄氏度的作业环境。

3）接触冷水温度≤12摄氏度的作业。

4）作业场地有冰、雪、霜、水、油等易滑物。

5）作业场所光线不足，能见度差。

6）作业活动范围与危险电压带电体的距离小于表1的规定。

表1 作业活动范围与危险电压带电体的距离

危险电压带电体的电压等级/千伏	距离/米
≤10	1.7
35	2.0
63~110	2.5
220	4.0
330	5.0
500	6.0

7）立足处不是平面或只有很小的平面，即任一边小于500毫米

的矩形平面,直径小于500毫米的圆形平面或具有类似尺寸的其他形状的平面,致使作业者无法维持正常姿势。

8)《工作场所有害因素职业接触限值 第2部分:物理因素》(GBZ 2.2—2007)规定的Ⅲ级或Ⅲ级以上的体力劳动强度。

9)存在有毒气体或空气中含氧(体积分数)低于19.5%的作业环境。

10)可能会引起各种灾害事故的作业环境和抢救突然发生的各种灾害事故。

按照《高处作业分级》(GB/T 3608—2008)的规定,不存在上述任何一种客观危险因素的高处作业按表2规定的A类法分级,存在一种或一种以上客观危险因素的高处作业按表2规定的B类法分级。

表2 高处作业分级

分类法	高处作业高度/米			
	$2 \leq h_w \leq 5$	$5 < h_w \leq 15$	$15 < h_w \leq 30$	$h_w > 30$
A	Ⅰ	Ⅱ	Ⅲ	Ⅳ
B	Ⅱ	Ⅲ	Ⅳ	Ⅳ

(2)高处作业安全技术措施

1)设置安全防护设施,如防护栏杆、挡脚板、洞口的封口盖板、临时脚手架和平台、扶梯、防护棚(隔离棚)、安全网等。

2)设置通信装置,如为塔式起重机司机配备对讲机等。

3)高处作业周边部位设置警示标志,夜间挂红色警示灯。

4)设置足够的照明。

5)配备防滑鞋、安全帽、安全带等劳动防护用品。

6)设置供作业人员上下的扶梯和斜道。

29. 高处作业分类与事故预防

（1）高处作业分类

建筑施工的高处作业主要包括临边作业、洞口作业、攀登作业、悬空作业、交叉作业。

1）临边作业是指在工作面边沿无围护或围护设施高度低于0.8米的高处作业，包括楼板边、楼梯段边、屋面边、阳台边，以及各类坑、沟、槽等边沿的高处作业。

2）洞口作业是指在地面、楼面、屋面和墙面等有可能使人和物料坠落，其坠落高度大于或等于2米的洞口处的高处作业。

3）攀登作业是指借助登高用具或登高设施进行的高处作业。这类作业由于没有作业平台，作业人员只能在可借助物上作业，作业难度和危险性大。

4）悬空作业是指在周边无任何防护设施或防护设施不能满足防护要求的临空状态下进行的高处作业。这类作业危险性很大。

5）交叉作业是指在垂直空间贯通状态下，可能造成人员或物体坠落，并处于坠落半径范围内、上下左右不同层面的立体作业。

（2）高处作业事故预防

1）体弱者、年老者以及有恐高症者，不能从事高处作业。

2）遇到六级以上强风、大雾、雷雨等恶劣气候，露天场所不能登高；夜间登高要有足够的照明。

3）作业前应检查登高用具是否安全可靠。不得借用设备构筑物、支架、管道等非登高设施作为登高用具。

4）高处作业必须与高压电线保持安全距离或采取相应的安全防

护措施。

5）在高处作业时，应戴好安全帽并系好帽箍；要系好安全带，扣好安全绳；安全绳要高挂低用，切忌低挂高用。

6）在高处不得抛掷物品，大件工具须拴牢，防止掉落；地面监护人员或指挥人员应和登高作业人员统一联络信号，下方应设围栏，禁止无关人员进入。如必须交叉作业，上下须设可靠隔离措施或警戒线。

7）在石棉瓦上作业时，应设固定踏板或铺瓦梯；在屋面斜坡、坝顶、吊桥、框架边沿及设备顶上等立足不稳处作业时，应搭设脚手架、防护栏杆或安全网。

8）高处预留孔、起吊孔的盖板或防护栏杆不得随意移动或拆除，禁止在孔洞附近堆物。如因检修必须移去时，应有防护措施，施工完毕后应及时复原。

9）脚手架等登高设施必须牢固可靠，应有专人维护；使用前应认真检查。

10）梯子使用前要检查梯身有无缺陷，梯子下脚要有防滑措施；梯子的摆放角度要适当（使用单梯时梯面应与水平面成75度夹角）；登梯时，下面要有人扶住，作业时人体的重心不能外倾；梯子不能放在不稳固的物体上；作业前，折梯应有整体的金属撑杆或可靠的锁定装置。

30. 坍塌事故预防

（1）坍塌事故类别

1）土方坍塌事故。建筑工程项目土方开挖过程中，因为施工操作不规范或者相应防护结构不稳定，出现基坑位移、倾斜，土体及周边道路沉陷或隆起等情况时，极有可能导致坍塌事故，对作业人员人身安全造成威胁，同时也会影响相关结构的有序施工，形成较大干扰。

2）支撑体系坍塌事故。建筑工程项目中的脚手架以及模板结构等支撑体系出现坍塌事故的概率也是比较高的，该类坍塌事故主要是因为相应支撑体系自身结构不稳定，在施工中受外力作用，最终导致坍塌。

3）墙体坍塌事故。在建筑工程项目的基本构成中，墙体同样是比较常见的单元，墙体坍塌的主要原因是在整个施工操作中没有对墙体的高厚比或材料强度进行严格的核算，导致其稳定性无法满足要求，此外，暴雨、大风等恶劣天气也会对墙体稳定性造成威胁，进而在外力的影响下导致坍塌事故。

4）楼板坍塌事故。建筑施工作业中，若楼板结构的强度存在较为明显的不合理问题，或梁和重大支撑构件不符合要求，同样也很容易导致坍塌事故，最终影响施工的整体安全性水平。楼板坍塌事故主要是楼板承受的荷载过大，且未加设有效的支撑导致的。

(2)坍塌事故原因

1)人为因素。在整个建筑工程项目的施工过程中,坍塌事故的出现必然和施工人员存在着较为密切的联系。施工人员的一个不合理操作,就有可能带来严重的结构损坏,导致坍塌事故的发生,尤其是违反标准规范操作的行为,极易造成坍塌事故。此外,人为因素还具体表现在随机失误方面,如施工人员的安全意识不强,导致其在施工作业中出现了较为明显的随意性,容易出现一些随机缺陷,影响原有工程结构的稳定性。

2)材料因素。在建筑工程项目施工过程中,施工材料选择和应用不合理而造成的坍塌事故同样屡见不鲜,尤其是对于模板结构以及楼板体系等,若材料强度以及力学性能等方面不满足设计要求,很容易导致其在受到较大荷载的情况下,直接出现断裂,最终造成坍塌事故。此外,在一些小型扣件等细节方面出现的材料质量问题同样也是导致坍塌事故产生的关键因素,尤其是在一些重要连接处,必须进行重点把关。

3)外界因素。在建筑工程项目的具体施工过程中,坍塌事故不仅与材料以及相关人员的操作存在较为密切的联系,往往还和外界环境中存在的一些干扰因素密切相关,其影响因素可以说是多方面的,并且还表现出了较为明显的不可预测性,加大了控制的难度。因此,施工前要编制切实可行的施工设计方案,对涉及外界因素较多的特定施工项目,要制定专项施工方案,并经专家评审论证,防止出现坍塌事故。

4)管理不当。上述各类建筑施工坍塌事故出现的原因都和管理不当存在着密切联系。施工前未对各种可能出现的意外情况展开充分的论证；建筑工程项目的各个结构以及相关区域得不到较为全面细致的监管，导致施工现场中存在较为明显的混乱性；材料采购、验收缺乏严格监管，各类施工材料分布凌乱；相关施工操作的流程混乱，无法严格按照设计方案以及施工组织设计有序施工，最终坍塌事故也就难以避免。

（3）坍塌事故预防

1）加强施工人员安全生产教育和培训力度。在建筑工程项目施工过程中，施工人员是主要的实际操作者，为了避免坍塌事故的发生，重点加强对施工人员的教育和培训显得十分必要。通过对施工人员进行教育和培训，使其具备较强的安全意识，并且能够在施工操作过程中不断规范自身行为，杜绝违章操作。此外，对于施工人员的操作能力进行详细考核同样也是十分重要的环节，通过加强准入控制，提升施工水平。

2）加强施工材料审查力度。为了实现建筑工程项目坍塌事故的有效预防，还需要对施工材料进行严格审查，确保其能够满足设计要求。施工材料必须严格验收，进行详细的检测分析，对于性能指标不合格的施工材料必须予以弃用。

3）加强现场监管控制。对于建筑工程项目施工现场外界环境影响因素带来的威胁和干扰，需要重点加强监管控制，及时了解外界环境中可能出现的隐患，并在最短时间内对相关结构进行加固处理，避免其在外界因素的影响下出现坍塌隐患。例如，随时关注天气变化，对可能出现的大风或者雨雪天气做好应急准备，提前采取加固措施，降低坍塌事故发生的概率。

4）提升管理水平。从管理入手，针对建筑工程项目施工流程进行严格管控,确保施工更为有序和规范地进行,尤其是对施工现场中存在的各类施工要素,必须提前进行组织设计,合理安排工序流程,避免管理混乱对施工造成干扰,影响工程质量;同时也能够保障施工的高效可靠推进。因此,优化管理制度,提升管理人员综合能力是工程项目中的关键环节。

 相关链接

> 坍塌是指物体在外力或重力作用下,超过自身的强度极限或因结构稳定性被破坏而造成的事故,如挖沟时的土方坍塌、脚手架坍塌、堆置物坍塌等,但不包括矿山冒顶片帮和车辆、起重机械、爆破引起的坍塌。

31. 建筑施工防火制度与措施

(1) 建立并落实防火安全责任制

建筑工地施工人员多,往往多个单位在一个工地同时施工,管理难度大。因此,必须认真贯彻"谁主管,谁负责"的原则,明确安全责任,逐级签订安全责任书,确保安全。

(2) 配备消防器材

现场必须配备消防用水和消防器材,并经常检查、维护、保养,保证消防器材灵敏有效。施工现场的义务消防队员,要定期组织教育和培训。

(3) 加强施工现场道路管理

合理规划施工现场,留出足够的防火间距。施工现场必须设置临时消防车道，临时消防车道的净宽度和净空高度均不应小于4米。保证消防通道24小时畅通，禁止在临时消防车道上堆物、堆料或挤占临时消防车道。

（4）加强明火管理

确保明火与可燃物、易燃物堆场和仓库的防火间距满足要求，防止飞火，对残余火种应及时熄灭。加强对电焊等动火作业的管理。

（5）加强用电安全管理

切实加强临时用电和生活用电安全管理。加强对施工现场所使用的电动施工机具的管理。

（6）加强人员培训

在建筑施工现场消防管理中，还要对重点岗位的人员进行培训。例如，对火灾危险性较大的工种，如电工、油漆工、焊工、锅炉工等进行必要的消防知识培训，保证施工安全。

> **法律提示**
>
> 《建筑设计防火规范》(GB 50016—2014)由住房和城乡建设部发布,于2018年3月30日进行了局部修订。该标准对厂房,仓库,甲、乙、丙类液体储罐(区),可燃、助燃气体储罐(区),液化石油气储罐(区)和可燃材料堆场的防火间距作出了明确的规定。
>
> 影响防火间距的因素有很多,如热辐射、热对流、风向、风速、外墙材料的燃烧性能及其开口面积的大小,室内堆放的可燃物种类及数量,相邻建筑物的高度,室内消防设施情况,着火时的气温及湿度,消防车到达的时间及扑救情况等。

32. 灭火器材配置与使用

(1) 灭火器材的配置要求

灭火器设置点的位置和数量应根据被保护对象的情况和灭火器的最大保护距离确定,并应保证最不利点至少在1具灭火器的保护范围内。灭火器的最大保护距离和最低配置基准应与配置场所的火灾危险等级相适应。

灭火器配置场所应按计算单元计算与配置灭火器,并应符合下列规定:

1) 计算单元中每个灭火器设置点的灭火器配置数量应根据配置场所内的可燃物分布情况确定。所有设置点配置的灭火器灭火级别之和不应小于该计算单元的保护面积与单位灭火级别最大保护面积的比值。

2) 一个计算单元内配置的灭火器数量应经计算确定且不应少于

2具。

3）灭火器应设置在位置明显和便于取用的地点,且不应影响人员安全疏散。当确需设置在有视线障碍的设置点时,应设置指示灭火器位置的醒目标志。

4）灭火器不应设置在可能超出其使用温度范围的场所,并应采取与设置场所环境条件相适应的防护措施。

5）当灭火器配置场所的火灾种类、危险等级和建(构)筑物总平面布局或平面布置等发生变化时,应校核或重新配置灭火器。

6）灭火器应定期维护、维修和报废。灭火器报废后,应按照等效替代的原则更换。

（2）灭火器材的使用

1）A类火灾场所应选择同时适用于A类、E类火灾的灭火器。

2）B类火灾场所应选择适用于B类火灾的灭火器。B类火灾场所存在水溶性可燃液体（极性溶剂）且选择水基型灭火器时,应选用抗溶性的灭火器。

3）C类火灾场所应选择适用于C类火灾的灭火器。

4)D类火灾场所应根据金属的种类、物态及其特性选择适用于特定金属的专用灭火器。

5)E类火灾场所应选择适用于E类火灾的灭火器。带电设备电压超过1千伏且灭火时不能断电的场所不应使用灭火器带电扑救。

6)F类火灾场所应选择适用于E类、F类火灾的灭火器。

7)当配置场所存在多种火灾时，应选用能同时适用扑救该场所所有种类火灾的灭火器。

 相关链接

(1)A类火灾：固体物质火灾。一般是指具有有机物质性质，在燃烧时能够产生灼热的余烬的物质造成的火灾，如木材、干草、煤炭、棉、毛、麻、纸张等火灾。

(2)B类火灾：液体或可熔化的固体物质火灾，如煤油、柴油、原油、甲醇、乙醇、沥青、石蜡、塑料等火灾。

(3)C类火灾：气体火灾，如煤气、天然气、甲烷、乙烷、丙烷、氢气等火灾。

(4)D类火灾：金属火灾，如钾、钠、镁、钛、锆、锂、铝镁合金等火灾。

(5)E类火灾：带电火灾。物体带电燃烧的火灾。

(6)F类火灾：烹饪器具内的烹饪物（如动植物油脂）火灾。

33. 建筑施工现场动火作业分级

动火作业是指在直接或间接产生明火的工艺设施以外的禁火区内

从事可能产生火焰、火花或炽热表面的非常规作业，包括使用电焊、气焊（割）、喷灯、电钻、砂轮、喷砂机等进行的作业。

固定动火区外的动火作业分为特级动火、一级动火和二级动火3个级别；遇节假日、公休日、夜间或其他特殊情况，动火作业应升级管理。

（1）特级动火作业

在火灾爆炸危险场所处于运行状态下的生产装置设备、管道、储罐、容器等部位上进行的动火作业（包括带压不置换动火作业）；存有易燃易爆介质的重大危险源罐区防火堤内的动火作业。

（2）一级动火作业

在火灾爆炸危险场所进行的除特级动火作业以外的动火作业。管廊上的动火作业按一级动火作业管理。

（3）二级动火作业

除特级动火作业和一级动火作业以外的动火作业。

生产装置或系统全部停车，装置经清洗、置换、分析合格并采取安全隔离措施后，根据其火灾、爆炸危险性大小，经危险化学品企业生产负责人或安全管理负责人批准，动火作业可按二级动火作业管理。

相关链接

施工现场用火应符合下列规定：

（1）动火作业应办理动火许可证：动火许可证的签发人收到动火申请后，应前往现场查验并确认动火作业的防火措施落实后，再签发动火许可证。

（2）动火操作人员应具有相应资格。

(3)焊接、切割、烘烤或加热等动火作业前,应对作业现场的可燃物进行清理;作业现场及其附近无法移走的可燃物应采用不燃材料对其覆盖或隔离。

(4)施工作业安排时,宜将动火作业安排在使用可燃建筑材料的施工作业前进行。确需在使用可燃建筑材料的施工作业之后进行动火作业时,应采取可靠的防火措施。

(5)裸露的可燃材料上严禁直接进行动火作业。

(6)焊接、切割、烘烤或加热等动火作业应配备灭火器材,并应设置动火监护人进行现场监护,每个动火作业点均应设置1名监护人。

(7)五级以上(含五级)风力时,应停止焊接、切割等室外动火作业;确需动火作业时,应采取可靠的挡风措施。

(8)动火作业后,应对现场进行检查,并应在确认无火灾危险后,动火操作人员再离开。

第4章 施工现场职业病危害与防护

34. 施工现场职业病危害因素

（1）生产工艺过程中产生的职业病危害因素

1）物理因素。物理因素主要包括高温、低温、噪声、振动、高低气压、非电离辐射（如可见光、紫外线、红外线、射频辐射、激光）与电离辐射（如X射线、γ射线）等。

2）化学因素。生产过程中使用和接触的化学原料、中间产品、成品及这些物质在生产过程中产生的废气、废水和废渣等统称为生产性毒物，这些物质都会对人体产生危害。生产性毒物以粉尘、烟尘、雾气、蒸气等固态、液态或气态形式遍布于生产作业场所的不同地点和空间，与其接触可对人产生刺激或使人产生过敏反应，还可能引起中毒。

3）生物因素。生产过程中使用的原料、辅料及作业环境中都可能存在某些致病微生物，如炭疽芽孢杆菌、布鲁氏菌、森林脑炎病毒等。

（2）劳动过程中的职业病危害因素

劳动组织和作息制度不合理导致的工作紧张；个别器官或系统过度紧张，如眼部紧张导致视力模糊；劳动负荷过重，长时间的单调作业、夜班作业，动作和体位的不合理等都会对人产生不良影响。

（3）生产环境中的职业病危害因素

生产环境中的职业病危害因素包括自然环境中的因素，如炎热季节的太阳辐射；厂房建筑布局不合理，如采光照明不足，通风不良，有毒与无毒的工段安排在同一车间；工作过程不合理或管理不当所致环境污染，如氯碱厂氯气泄漏导致处于下风侧的无毒生产岗位的作业人员吸入了氯气。

35. 施工现场职业病防治

（1）尘肺病防治措施

接触生产性粉尘的岗位要严格遵守并落实相关操作规程，作业人员必须正确佩戴防尘口罩，杜绝超时工作，在工作过程中使用能够减少扬尘的操作方法和工艺。

（2）职业性眼病防治措施

在工作中，碱性、酸性或其他含有化学物质的气体、液体或固体进入眼睛易造成化学性眼部灼伤；电焊工、在雪地或盐场工作的人员易患电光性眼炎。因此，从事该类作业的人员应佩戴护目镜，坚决杜绝违章作业，采取轮流作业，杜绝超时工作现象。

（3）手臂振动病防治措施

直接操作振动机械易引起手臂振动病，因此应对操作振动机械的人员进行培训，确保其掌握正确的操作方法，并穿戴好防振手套；同时，应延长换班休息时间，杜绝超时工作现象。

（4）职业性中毒防治措施

油漆工、粉刷工接触有机材料散发的有毒气体，容易引起职业性中毒。因此，相关岗位的作业人员应正确佩戴防护口罩，采取轮流作业，杜绝超时工作现象；同时，应对作业人员进行培训，提高其在中毒事故中的自救互救能力。

（5）职业性噪声聋防治措施

高强度、长时间接触噪声可引起职业性噪声聋，相关岗位的作业人员应对噪声大的机械加强日常保养和维护，减少噪声污染。操作人员应正确佩戴劳动防护用品，采取轮流作业，杜绝超时工作。

（6）中暑防治措施

高湿高热环境容易引起中暑。用人单位应该为有中暑危险的作业人员备足饮用水或清凉饮料、防中暑药品、休息室等。应减少作业人员的工作时间，尤其是延长中午休息时间，并对作业人员进行培训，提高其在中暑情况发生时的自救互救能力。

36. 劳动防护用品分类与使用的注意事项

（1）劳动防护用品的分类

1）《用人单位劳动防护用品管理规范》将劳动防护用品分为十大类：防御物理、化学和生物危险、有害因素对头部伤害的头部防护用品；防御缺氧空气和空气污染物进入呼吸道的呼吸防护用品；防御物理和化学危险、有害因素对眼面部伤害的眼面部防护用品；防噪声危害及防水、防寒等的耳部防护用品；防御物理、化学和生物危险、有害因素对手部伤害的手部防护用品；防御物理和化学危险、有害因素对足部伤害的足部防护用品；防御物理、化学和生物危险、有害因素对躯干伤害的躯干防护用品；防御物理、化学和生物危险、有害因素损伤皮肤或引起皮肤疾病的护肤用品；防止高处作业劳动者坠落或者高处落物伤害的坠落防护用品；其他防御危险、有害因素的劳动防护用品。

2）《个体防护装备配备规范　第1部分：总则》（GB 39800.1—2020）将常用个体防护装备（劳动防护用品）分为八大类，即头部防护类、眼面防护类、听力防护类、呼吸防护类、防护服装类、手部防护类、足部防护类和坠落防护类。

3）按防止伤亡事故的用途可分为防坠落用品、防冲击用品、防触电用品、防机械外伤用品、耐酸碱用品、耐油用品、防水用品、防寒用品等。

4）按预防职业病的用途可分为防尘用品、防毒用品、防噪声用品、防振动用品、防辐射用品、防高低温用品等。

（2）使用劳动防护用品的注意事项

1）应针对防护目的，正确选择符合要求的劳动防护用品，绝不能错选或将就使用，以免发生事故。

2）对使用劳动防护用品的人员进行教育和培训，使其能充分了解使用目的、意义及使用方法，确保其能够正确使用。对于结构和使用方法较为复杂的劳动防护用品，如呼吸防护器等，应进行反复训练，使其能熟练使用。用于紧急救灾的呼吸防护器，要定期严格检验，并妥善存放在可能发生事故的地点附近，方便取用。

3）妥善维护保养劳动防护用品，不但能延长其使用期限，更重要的是能保证其防护效果。耳塞、口罩、面罩等用后应用肥皂水或清水洗净，并用药液消毒、晾干；过滤式呼吸防护器的过滤元件要定期更换，以防失效；防止皮肤污染的工作服用后应集中清洗。

4）劳动防护用品应由专人管理，负责维护保养，以保证其能充分发挥作用。

法律提示

国家标准《呼吸防护用品的选择、使用与维护》（GB/T 18664—2002）中明确规定了呼吸防护用品选择原则、呼吸防护用品使用原则、呼吸防护用品的维护和呼吸保护计划。要在综合考虑作业环境是否缺氧、是否有易燃易爆气体、是否存在空气污染，以及污染的种类、特点、浓度等因素之后，选择适用的呼吸防护用品。

37. 劳动防护用品管理配置

（1）施工现场的作业人员必须戴安全帽、穿工作鞋和工作服。

（2）雨期施工应提供雨衣、雨裤和雨鞋，冬季严寒地区应提供防寒工作服。

（3）进行高处作业，必须系安全带。

（4）从事电钻、砂轮等手持电动工具作业的人员必须穿戴绝缘鞋、绝缘手套和防护眼镜等劳动防护用品。

（5）从事振动机械作业的人员必须穿戴具有绝缘功能的防砸鞋、防振绝缘手套等劳动防护用品。

（6）从事可能飞溅渣屑的机械设备作业的人员必须戴防护眼镜等劳动防护用品。

（7）从事脚手架作业的人员必须穿戴便于活动的紧口工作服、防滑鞋、工作手套等劳动防护用品；高处作业时，必须系安全带。

（8）从事电气作业的人员必须穿戴绝缘鞋和便于活动的紧口工作服等劳动防护用品。

（9）从事焊接作业的人员必须穿戴阻燃防护服、绝缘鞋、防护手套、焊接防护面罩或防护眼镜、口罩等劳动防护用品。

（10）从事起重机械作业的人员必须穿戴防滑鞋、工作手套和紧口工作服等劳动防护用品；信号指挥人员应穿专用标志服装，强光环境下作业，应戴有色防护眼镜。

 相关链接

从事焊接作业的人员的劳动防护用品还应当符合下列要求：

（1）在高处作业时，必须戴安全帽与面罩连接式焊接防护面罩，系阻燃安全带。

（2）从事清除焊渣作业，应戴防护眼镜。

（3）在封闭的室内或容器内从事焊接作业，必须戴焊接专用防尘防毒面罩。

38. 常见劳动防护用品的使用

（1）安全帽的佩戴方法

安全帽的主要作用是保护头部不受坠物和其他因素引起的伤害。

安全帽由帽壳、帽衬、帽箍、下颏带及其附件组成，具有缓冲减震作用和分散应力作用，在受到外力的冲击后，最大限度地保护头部不受伤害。

1）使用前应检查安全帽的外壳是否破损（如有破损，其分散和削弱外来冲击力的性能就已减弱或丧失，不可再用），有无合格帽衬（帽衬的作用是吸收和缓解冲击力，若无帽衬，则丧失了保护头部的功能），下颏带是否完好。

2）调整好帽衬顶端与帽壳内顶的间距（4~5厘米），调整好帽箍。

3）安全帽必须戴正，否则受到打击时难以起到减轻头部受到的冲击的作用。

4）必须系紧下颏带，否则，一旦发生坠落打击事故，安全帽极易掉下来，导致严重后果。

（2）安全带的使用方法

1）安全带应经质检部门检验合格，在使用前应检查各部分构件有无破损。

2）安全带上的任何部件都不得私自拆换。

3）在使用过程中,安全带应高挂低用,并防止摆动、碰撞,避免尖刺,不得接触明火;不能将挂钩直接挂在安全绳上,应挂在连接环上。

4）严禁使用打结和续接的安全绳。

5）作业时应将安全带的钩、环挂在系留点上,各扣件应扣紧,以防脱落。

6）在温度较低的环境中使用安全带时,要注意防止安全绳硬化、被割裂。

7）使用后,将安全带、安全绳卷成盘放在干净、避光处,切不可折叠。在金属配件上涂些机油,以防生锈。

（3）眼面部防护用品的使用方法

眼面部防护用品可分为焊接防护用品、激光防护镜、强光源防护镜等。

1）眼面部防护用品应能满足使用目的和使用环境的要求,不应存在任何影响佩戴者健康或安全的因素。

2）应确保材料析出不会对佩戴者皮肤造成伤害。

3）眼面部防护用品不应有凸出物、尖锐边缘或其他可能在使用过程中引起不适或造成伤害的部分。对于眼面部防护用品上可拆卸、调整、更换的结构或配件,应确保其拆卸、调整、更换的便利性,尽量简化操作过程,操作过程应符合人类工效学要求。应采取目视、触摸等方法对产品进行检测。

4）眼面部防护用品不应出现以下情况:镜片碎成两片或多片;

整个眼面部防护用品碎成两部分或多部分；镜片脱落；未受冲击一面有材料脱落；镜片被击穿。

5）除镜片边缘 5 毫米宽的区域以外，以参考点为中心，半径为 30 毫米的圆形区域内不应存在任何可能损害视力的表面缺陷，如气泡、划痕、杂质、暗点、蚀损斑、霉斑、凹痕、修补斑、斑点、水泡、水渍、蚀孔、碎片、裂纹、抛光缺陷或波纹等。

（4）呼吸防护用品

在没有防护的情况下，任何人都不应暴露在能够或可能危害健康的空气环境中。选择呼吸防护用品前，应识别作业中的有害环境，并判定危害程度。

对于立即威胁生命和健康（IDLH）环境，应选择配全面罩的正压式携气式呼吸防护用品；在配备适合的辅助逃生型呼吸防护用品前提下，配全面罩或送气头罩的正压供气式呼吸防护用品。在非 IDLH 环境，可根据指定防护要求选择呼吸防护用品。

针对颗粒物的防护，可选择隔绝式或过滤式呼吸防护用品。若选择过滤式，应注意：防尘口罩不适合挥发性颗粒物的防护，应选择能够同时过滤颗粒物及其挥发气体的呼吸防护用品；应根据颗粒物的分散度选择适合的防尘口罩；若颗粒物为液态或具有油性，应选择有适合过滤元件的呼吸防护用品；若颗粒物具有放射性，应选择过滤效率为最高等级的防尘口罩。

针对有毒气体和蒸气的防护，可选择隔绝式或过滤式呼吸防护用品。若选择过滤式，应注意：根据有毒气体和蒸气种类选择适用的过滤元件，对现行标准中未包括的过滤元件种类，应根据呼吸防护用品生产者提供的使用说明选择；对于没有警示性或警示性很差的有毒气体或蒸气,应优先选择有失效指示器的呼吸防护用品或隔绝式呼吸防护用品。

(5)听力防护用品

听力防护用品主要有两大类:一类是置放于耳道内的耳塞,用于阻止声能进入;另一类是置于耳外的耳罩,限制声能通过外耳进入耳鼓及中耳和内耳。需要注意的是,这两类防护用品均不能阻止部分声能通过头部传导到听觉器官。

1)耳塞

耳塞在使用后要注意清洁,也要注意耳塞和使用者的耳道是否匹配。耳塞的佩戴方法如下:

①将耳塞卷折。

②一手绕过后脑,轻提耳部顶端。

③另一手轻柔地把耳塞推入耳道至适当深度。

④待耳塞膨胀恢复原状。

2)耳罩

耳罩由可以盖住耳部的罩杯和通过施加一定夹紧力,确保耳罩贴紧耳部的环箍组成。罩杯通常配有罩杯垫和吸声内衬,其中,罩杯垫通常包含泡沫塑料或液体填充物,用于改进耳罩佩戴舒适性和密合性。耳罩的性能取决于耳罩的类型、夹紧力等。耳罩的佩戴方法如下:

①使用耳罩时,应先检查罩杯有无裂纹和漏气现象。

②佩戴时应注意将罩杯顺着耳郭的形状戴好。

③将环箍放在头顶适当位置,尽量使罩杯垫与周围皮肤相互密合。

④如不合适时,应小幅移动罩杯或环箍,使其调整到合适位置。

第5章 施工现场意外伤害应急处置与急救

39. 建筑施工的特点与常见事故原因

（1）建筑施工的特点

建筑施工（包括市政施工）属于事故发生率较高的行业，每年的事故死亡人数仅次于煤炭与交通行业。目前，农民工是建筑施工的主力军，因此也是各类意外伤害事故的主要受害群体。根据事故统计，在建筑施工伤亡人员中，农民工约占60%，并且呈现不断上升的趋势。建筑施工行业之所以成为高危险行业，主要与建筑施工特点有关。

1）复杂性。建筑施工涉及多个专业领域，包括建筑规划、结构、给排水、电气、暖通、消防等。这些专业领域之间的协调和配合对于工程质量和进度至关重要。

2）流动性。建筑施工人员通常在不同的工地和场所工作以满足项目的进度和需求，具有流动性。此外，建筑施工人员的收入也会因项目进度和工程量的变化而波动，为了维持收入，他们只能不断寻找新的工作机会，这也增加了他们的流动性。

3）周期性。建筑施工需要经过一系列复杂的建造过程，包括基础开挖、主体结构施工、装饰施工等，整个过程需要一定的周期。因此，施工企业通常会根据工程规模和进度，合理安排人力和物力资源。

4）风险性。建筑施工过程中存在一定的事故风险，如安全事故、质量事故等。这些风险可能会影响工程进度和质量，甚至会对企业声誉造成影响。

5）技术性。建筑施工需要具备一定的专业知识和技能。从设计图纸到施工过程，都需要专业的技术人员进行指导和监督，以确保工程质量和安全。

（2）建筑施工中常见事故伤害及原因

建筑施工中常见伤亡事故的类别包括物体打击、车辆伤害、机械伤害、起重伤害、触电、高处坠落、坍塌、中毒和窒息、火灾和爆炸以及其他伤害。

根据历年伤亡事故统计分类，建筑施工中最主要、最常见、死亡人数最多的事故有五类，即高处坠落、触电、物体打击、机械伤害、坍塌。这五类事故占建筑施工事故总数的86%左右，被人们称为建筑施工的"五大伤害"。

1）高处坠落。高处坠落一般被列为建筑施工"五大伤害"之首，事故发生率极高，约占各类事故总数的一半以上，并且危险性极大。

因此，不但需要分析高处坠落事故产生的原因，采取必要的措施加以预防，还应加强对施工人员的教育和培训，提升其自身的安全意识。

2）触电。发生人员触电的意外伤害事故的情况很多，主要包括：施工中碰触现场周边的架空线路而发生的触电事故；起重机械在架空高压线下方作业时，触碰裸线或集聚静电荷而造成触电事故；建筑施工机械和手持电动工具现场使用环境条件较差（泥浆、锯屑污染等），带水作业多，如果保养不好机械往往易漏电造成触电事故；移动照明不使用安全电压，使用灯泡烘烤衣物等违章用电也容易造成触电。

3）物体打击。物体打击是指失控物体的惯性力对人身造成的伤害，包括高处落物、飞崩物、滚击物及堆垛倒塌等造成的伤害。在建筑施工中，物体打击伤害事故范围较广，较常见的是高处的物体处置不当，出现落物伤人的情况。

4）机械伤害。机械伤害是指机械设备与工具引起的绞、辗、碰、割、戳、切等伤害。机械设备都是由许多零部件构成的，而且其中的大部分零部件都是运动的，因此十分容易造成伤害。例如，机械设备中的齿轮、带轮、滑轮、卡盘、轴、光杠、丝杠、联轴器等零部件都是做旋转运动的，容易造成绞伤和物体打击伤。

5）坍塌。由于坍塌往往发生于一瞬间，速度很快，现场人员往往难以及时撤离。塌落的物体会引发坠落、物体打击、挤压、掩埋、窒息等严重后果。现场有危险物品存在时，还可能引发火灾、爆炸、中毒、环境污染等灾害。

40. 高处坠落事故应急处置

（1）去除伤员身上的工器具和口袋中的硬物。

（2）在搬运和转送伤员过程中，其颈部和躯干不能前屈或扭转，而应使脊柱伸直。绝对禁止一人抬肩一人抬腿的搬运方法，以免导致伤员截瘫。

（3）对创伤局部妥善包扎，但对怀疑存在颅底骨折和脑脊液外漏的伤员禁止填塞漏口，以免引起颅内感染。

（4）面部受伤时，首先应保持伤员呼吸道畅通，清除移位的组织碎片、血凝块、口腔分泌物等，同时松解伤员的颈部、胸部衣物纽扣。若舌已后坠或伤员口腔内的异物无法清除，可穿刺环甲膜，维持呼吸，并尽快进行气管切开手术。

（5）若出现复合伤，要使伤员呈平仰卧位，保持其呼吸道畅通，并解开其衣领扣。

（6）若周围血管受伤，则应将受伤部位以上的动脉压至骨骼上。直接在伤口上放置厚敷料，用绷带加压包扎时以不出血和不影响肢体血液循环为宜。慎用止血带，如必须使用止血带，原则上应尽量缩短使用时间，一般以不超过1小时为宜，并做好标记，注明上止血带的时间。

（7）有条件的应迅速给予静脉补液，增加血容量。

（8）将伤员快速平稳地送至医院救治。

41. 触电事故应急处置

（1）发现有人触电后，应立即关闭开关、切断电源。同时，用木棒、皮带、橡胶制品等绝缘物品挑开触电者身上的带电物体。立即拨打急救电话。应防止触电者脱离电源后可能的摔伤，特别是当触电者在高处的情况下，应考虑采取防摔措施。

（2）当触电者脱离电源后，解开妨碍触电者呼吸的紧身衣物，检查触电者的口腔，清理口腔黏液，如有假牙，则应取下。

（3）确认周围环境安全后，应根据触电者的具体情况，迅速对症救护。现场应用的主要救护方法是人工呼吸法和胸外心脏按压法。应当注意，急救要尽快进行，不能只等待医护人员的到来；在送往医院的途中，也不能中止急救。

（4）如有电烧伤的伤口，应包扎后到医院就诊。

42. 物体打击事故应急处置

物体打击事故是指物体在重力或其他外力的作用下产生运动，打击人体造成的伤害事故。这类事故一般多发生在检修作业和建筑施工等作业场所，常见的有落下物、飞来物、滚石、崩块等造成的伤害，但不包括因爆炸引起的物体打击。发生物体打击事故时，应急处置方法如下。

（1）要高声呼喊，通知现场人员，马上拨打急救电话，并及时报告。

（2）尽可能不要移动伤员，马上组织抢救。首先观察伤员的受伤情况、部位、伤害性质，如伤员发生休克，应先处理休克。遇呼吸、心搏骤停者，应立即进行人工呼吸、胸外心脏按压。处于休克状态的伤员要让其安静、保暖、平卧、少动，并将下肢抬高约20度，尽快送医院进行抢救治疗。

（3）抢救的重点应放在处理伤员颅脑损伤、胸部骨折和出血上。如果出现颅脑损伤，必须维持呼吸道通畅，昏迷者应平卧，面部转向一侧，以防舌根下坠或吸入分泌物、呕吐物，发生喉阻塞。骨折者应初步固定后再搬运。若出现凹陷骨折、严重的颅底骨折及严重的脑损伤症状，应用消毒的纱布或清洁布等覆盖伤口，并用绷带或布条包扎后，及时就近送有条件的医院治疗。

（4）如果现场仍可能有危险情况出现，必须将伤员搬运到能够安全施救的地方，搬运时应尽量多人搬运，观察伤员呼吸和脸色的变化。如果是脊柱骨折，不要弯曲、扭动伤员的颈部和身体，不要接触伤员的伤口，要使伤员身体放松，尽量将伤员放到担架或平板上进行搬运。

（5）重伤者应马上送往医院救治，轻伤者在等待救护车的过程中，要派人在门口迎接救护车，按预定程序处理事故，最大限度地减少人员和财产损失。

> **法律提示**
>
> 《企业职工伤亡事故分类》（GB 6441—1986）规定的事故类别包括物体打击、车辆伤害、机械伤害、起重伤害、触电、淹溺、灼烫、火灾、高处坠落、坍塌、冒顶片帮、透水、放炮、火药爆炸、瓦斯爆炸、锅炉爆炸、容器爆炸、其他爆炸、中毒和窒息、其他伤害共20类。还规定了伤害分析、事故严重程度分类、伤亡事故的计算方法等内容。

43. 机械伤害事故应急处置

（1）机械伤害事故类型

1）机械设备零部件作旋转运动时造成的伤害。例如，机械设备中的皮带轮、滑轮、卡盘、轴、光杠、丝杠、联轴节等零部件都是作旋转运动的，旋转运动造成人员伤害的主要形式是绞伤和物体打击伤。

2）机械设备的零部件作直线运动时造成的伤害。例如，锻锤、冲床、剪切机的施压部件，牛头刨床的床头，龙门刨床的床面及桥式起重机大小车和升降机构等，都是作直线运动的。作直线运动的零部件造成的伤害事故主要有压伤、砸伤、挤伤。

3）刀具造成的伤害。例如，车床上的车刀、铣床上的铣刀、钻床上的钻头、磨床上的磨轮、锯床上的锯条等都是加工零件用的刀具。刀具在加工零件时造成的伤害主要有烫伤、刺伤、割伤。

4）被加工的零件造成的伤害。机械设备在对零件进行加工的过程中，有可能对人身造成伤害。这类伤害事故主要可分为两类：

①被加工零件固定不牢被甩出打伤人，如车床卡盘夹不牢，在旋转时就会将工件甩出伤人。

②被加工的零件在吊运和装卸过程中，可能掉落造成砸伤。

5）手持工具造成的伤害。

（2）机械伤害事故应急处置

1）评估伤情与确保安全。发生机械伤害事故后，应立即停止操作，切断电源或关闭设备，确保伤员和救援人员的安全。快速评估伤员的伤势，判断是否有生命危险。如果伤员意识清醒，询问其感觉和疼痛部位；如果伤员失去意识，检查呼吸和心搏，立即拨打急救电话。

2）止血与包扎。对于出血的伤口，应迅速采取措施止血。使用干净的布料或急救包中的纱布对伤口施加压力，直至出血减缓或停止。如果出血量大，可使用止血带，但应注意不要绑扎过紧以免造成肢体损伤。止血后，用无菌纱布或绷带进行包扎，防止感染。如果创伤部位有异物且不在重要器官附近，可以拔出异物，处理好伤口，如无把握则不准随便将异物拔掉，应由专业医护人员来检查、处理，以免伤及内脏及较大血管，造成大出血。

3）处理骨折与扭伤。若怀疑有骨折或扭伤，应尽量避免移动受伤部位，以免加重伤势。可用夹板、木板或其他硬质材料固定伤肢，减轻伤员的疼痛并防止进一步的损伤。对于扭伤，应立即冷敷，缓解肿胀和疼痛。

4）烧伤与烫伤的处理。机械伤害有时也会伴随烧伤或烫伤。此时，应立即将受伤部位置于流动的冷水下冲洗至少10分钟，以降低皮肤温度，减轻疼痛和防止水疱形成。切勿使用冰块直接冷敷，以免造成冻伤。轻度烧伤可涂抹烧伤膏，严重烧伤应尽快就医。

5）心理安慰与后续处理

在处理完紧急伤情后，给予伤员心理安慰，稳定其情绪，避免其受到进一步的伤害。记录事故发生的经过和伤员的反应，为后续的治疗和事故调查提供信息。

44. 坍塌事故应急处置

（1）摸清情况，及时报告

应及时了解和掌握现场的整体情况，并及时报告。同时，根据现场实际情况，拟定坍塌救援实施方案，在现场实行统一指挥和管理。

（2）设立警戒，疏散人员

发生坍塌事故后，应及时划定警戒区域，设置警戒线，封锁事故路段的交通，隔离围观群众，严禁无关车辆及人员进入事故现场。

（3）迅速开展侦查

派遣搜救小组进行搜救，对以下重要问题进行询问和侦查：

1）坍塌部位和范围，可能涉及的受害人数。

2）可能受害人或现场失踪人所处位置。

3）受害人存活的可能性。

4）展开现场施救需要的人力和物力方面的帮助。

5）坍塌现场的火情状况。

6）现场二次坍塌的危险性。

7）现场可能存在的爆炸危险性。

8）现场施救过程中其他方面潜在的危险性。

（4）切断气、电、水源，并控制火灾或爆炸

建筑坍塌现场可能随处存在拉断的带电电线，随时威胁着被埋压人员和救援人员的安全；断裂的燃气管道泄漏的气体既会形成爆炸性气体混合物引起爆炸，又会增强现场火灾的火势；从断裂的供水管道

流出的水能很快将地下室或现场低洼的坍塌空间淹没。因此，要责令当地的供电、供气、供水部门的检修人员立即赶赴现场，关断现场附近的局部总阀或开关以消除危险。

（5）现场清障，开辟进出通道

迅速清理进入现场的通道，在现场附近开辟供救援人员和车辆使用的空地，确保现场拥有一个安全的急救场所和一条供救援车辆进出的通道。

（6）搜寻坍塌废墟内部空隙存活者

完成对在坍塌废墟表面受害人的救援后，应立即实施坍塌废墟内部受害人的搜寻。有火灾的坍塌现场，烟气和火焰会很快蔓延到各个生存空间。搜寻人员最好携带一支水枪，以便及时驱烟和灭火。

（7）清除局部坍塌物，实施局部挖掘救人

清除现场废墟上的坍塌物时可能触动承重的不稳定构件引起现场的二次坍塌，使被压埋人再次受伤，因此清理局部坍塌物之前，要制定初步的方案，行动要极其细致谨慎，要尽可能地选派有经验或受过专门训练的人员承担此项工作。

（8）坍塌废墟的全面清理

在确定坍塌现场再无被埋压的生存者后，才允许进行坍塌废墟的全面清理工作。

45. 烧伤与中暑急救

（1）烧伤急救

1）立即用自来水冲洗或浸泡烧伤部位 10~20 分钟，也可使用冷敷方法。冲洗或浸泡后尽快脱去或剪开着火或被热液浸渍的衣物。

2）轻度烧伤，用清水冲洗后，局部涂烫伤膏，不需要包扎。面积较大的烧伤创面可用干净的纱布、被单、衣服覆盖。

3）发生窒息，应尽快急救，如果呼吸停止，立即进行心肺复苏。

4）密切观察伤员有无进展性呼吸困难，并及时护送到医院进一步诊断治疗。

5）尽量不挑破水疱。较大的水疱可用经火烤或用75%酒精消毒后的针刺破，放出疱液，但切忌剪除表皮。

6）烧伤创面上切不可涂抹有颜色的药水或药膏等，以免掩盖烧伤程度。

7）千万不要给口渴的伤员大量饮水，寒冷季节注意保暖。

（2）中暑急救

1）迅速把中暑者移至阴凉通风处或有空调的房间，使其平卧，解开衣裤，以利呼吸和散热。

2）轻度中暑者饮淡盐水或淡茶水，也可服用藿香正气水、十滴水、人丹等。

3）体温升高者，用凉水擦洗全身，水的温度要逐步降低。在头部、腋窝、大腿根部可用冷水或冰袋降温，以加快散热。

4）严重中暑者，经降温处理后，应及时送至医院以便尽快获得专业急救和治疗。

 相关链接

(1) 根据烧伤深度进行分类

1）Ⅰ度烧伤：伤及表皮浅层，皮损为粉红或红色，干燥，治疗时一般不计入烧伤面积。

2）浅Ⅱ度烧伤：伤及真皮浅层，皮损为粉红色，有大水疱，潮湿，保留部分基底层细胞。

3）深Ⅱ度烧伤：伤及真皮深层，皮损为粉红色，有出血性水疱，潮湿，比较疼痛，残留部分真皮网状层组织。

4）Ⅲ度烧伤：伤及皮肤全层，甚至深部肌肉、骨骼、内脏器官等，皮损为白色或褐色，干燥或似皮革样，患者无感觉。

(2) 根据烧伤严重程度进行分类

1）轻度烧伤：Ⅱ度烧伤面积在9%（占体表面积）以下的。

2）中度烧伤：Ⅱ度烧伤总面积为10%~29%，或Ⅲ度烧伤面积不足10%。

3）重度烧伤：烧伤总面积为30%~49%，或Ⅲ度烧伤面积为10%~19%，或Ⅱ度、Ⅲ度烧伤面积虽不足上述百分比，但有其他严重情况（较重的复合伤，已发生休克，中度、重度吸入性损伤）。

4）特重烧伤：烧伤总面积达到50%以上或Ⅲ度烧伤面积在20%以上，已有严重并发症。

46.心肺复苏急救

（1）使伤员仰卧在比较坚实的地面或地板上，解开衣物，清除口内异物，然后进行急救。

（2）救护人员蹲跪在伤员腰部一侧，或跨腰跪在其腰部两侧，两手相叠。将手掌根部放在伤员的胸骨下1/3部位，即把中指指尖放在其颈部凹陷的下边缘，手掌的根部就是正确的压点。

（3）救护人员两臂肘部伸直，掌根略带冲击地用力垂直下压，压陷深度为3~5厘米。成年伤员每秒钟按压一次，太快和太慢效果都不好。

（4）按压后掌根迅速全部放松，让伤员胸部自动复原，放松时掌根不必完全离开胸部。按以上步骤连续不断地进行操作，每秒一次。按压时定位必须准确，压力要适当，不可用力过大过猛，以免挤压出胃中的食物，堵塞气管，影响呼吸或造成肋骨折断、气血胸和内脏损伤等；也不能用力过小，否则起不到按压的作用。

（5）若出现呼吸和心搏骤停，应同时进行口对口（鼻）人工呼吸和胸外心脏按压。如果现场仅有1人救护，两种方法应交替进行，每吹气2~3次，按压10~15次。

（6）在救护人员体力允许的情况下，应连续进行人工呼吸和胸外心脏按压急救，尽量不要停止，直到伤员恢复呼吸与心搏，或有专业急救人员到达现场接管。

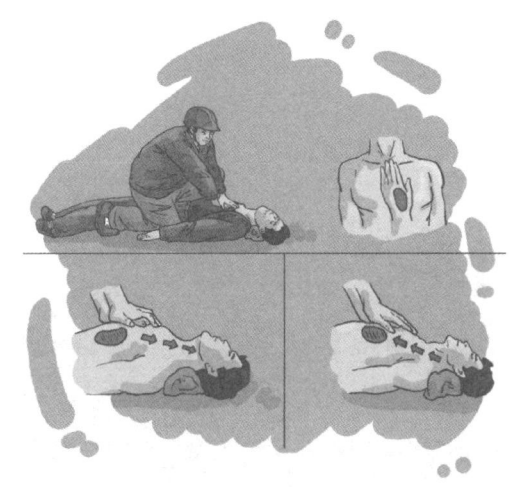

47. 骨折与断肢急救

（1）骨折的急救

1）在处理开放性骨折时，局部要做清洁消毒处理，用纱布将伤口包好。严禁把暴露在伤口外的骨折端送回伤口内，以免造成伤口污染和再度刺伤血管与神经。

2）对于大腿、小腿、脊椎骨折的伤员，一般应就地固定，不要随便移动伤员，不要盲目复位，以免加重损伤程度。如上肢受伤，可将伤肢固定于躯干；如下肢受伤，可将伤肢固定于另一健肢。

3）骨折固定所用的夹板长度与宽度要与骨折肢体相适应，其长度一般以超过骨折处上下两个关节为宜。

4）固定用的夹板不应直接接触皮肤。在固定时可将纱布、三角巾、毛巾、衣物等软质材料垫在夹板和肢体之间，特别是夹板两端、关节骨头突起部位和间隙部位，可适当加厚垫，以免引起皮肤磨损或局部组织压迫坏死。

5）固定、捆绑的松紧度要适宜，过松达不到固定的目的，过紧则影响血液循环，导致肢体坏死。固定四肢时，要将指（趾）端露出，以便随时观察肢体血液循环情况。如出现指（趾）苍白、发冷、麻木、疼痛、肿胀、甲床青紫等症状时，说明固定、捆绑过紧，血液循环不畅，应立即松开，重新固定。

6）对四肢骨折固定时，应先捆绑骨折处的上端，后捆绑骨折处的下端。如捆绑次序颠倒，则会导致再度错位。上肢固定时，肢体要屈着绑（屈肘状）；下肢固定时，肢体要伸直绑。

7）要注意伤口和全身状况。如伤口出血，应先止血，再包扎固定；如出现休克或呼吸、心搏骤停时，应立即进行抢救。

（2）断肢的急救

1）让伤员躺下，将纱布或清洁的布块放在断肢的伤口上，再用绷带或围巾包扎。

2）立即派人找回断肢。如果断肢仍在机器中，应立即拆开机器取出，同伤员一起送往医院，以备断肢再植手术。

3）断肢要用无菌或清洁的纱布包扎，置于塑料袋中密封，最好再放入有冰的容器中，切勿直接浸泡在任何液体中或直接放置于冰块中。

4）尽快前往有条件的专科医院就诊，迅速组织进行再植手术，争取在6~8小时内完成再植手术。

48. 止血与包扎

（1）止血法的种类及基本要领

1）压迫止血法。该法适用于头、颈、四肢动脉大血管出血的临时止血。伤员流血后，只要立刻用手指或手掌用力压住伤口附近靠近心脏一端的动脉跳动处，并把血管压紧在骨头上，就能很快起到临时止血的效果。例如，头部前面出血时，可在耳前对着下颌关节点压迫颞动脉；颈部动脉出血时，可压迫颈总动脉，即用手指按在一侧颈根部，向中间的颈椎横突压迫，但禁止同时压迫两侧的颈动脉，以免引起大脑缺氧而昏迷。

2）止血带止血法。该法适用于四肢大出血，即用止血带（一般用橡胶管、橡胶带）绕肢体绑扎打结固定。上肢受伤可扎在上臂上部1/3处，下肢受伤可扎于大腿的中部。若现场没有止血带，也可以用纱布、毛巾、布带等作为临时止血带环绕肢体打结，在结内穿一根短棍，转动短棍使临时止血带绞紧，直到不流血为止。在绑扎和绞止血带时，不要过紧或过松，过紧会造成皮肤或神经损伤，过松则起不到止血的作用。

3）加压包扎止血法。该法适用于小血管和毛细血管的止血。先用消毒纱布或干净毛巾敷在伤口上，再垫上棉花，然后用绷带紧紧包扎，以达到止血的目的。若伤肢骨折，还要另加夹板固定。

4）加垫屈肢止血法。该法多用于小臂和小腿的止血，利用肘关节或膝关节的弯曲功能压迫血管，以达到止血的目的。具体方法是在肘窝或腘窝内放入棉垫或布垫，然后使关节弯曲到最大限度，再用绷带把前臂与上臂（或小腿与大腿）固定。

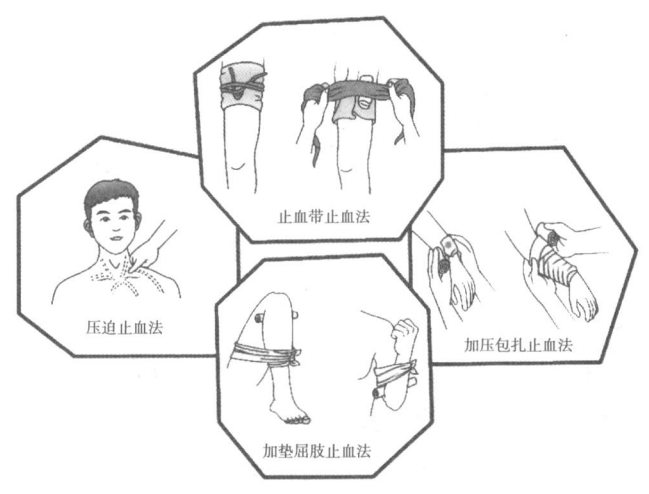

（2）包扎法的种类及基本要领

1）头顶包扎法。外伤在头顶部时可用此法。把三角巾底边折叠两指宽，中央放在前额，顶角拉向后脑，两底角拉紧，经两耳上方绕到头的后枕部，压住顶角，再交叉返回前额打结。如果没有三角巾，也可使用毛巾，即先将毛巾横盖在头顶上，前两角反折后拉到后脑打结，后两角各系一根布带，左右交叉后绕到前额打结。

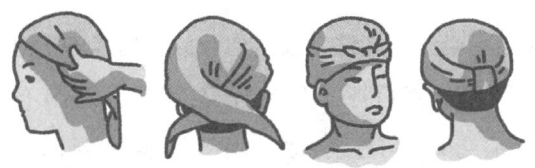

头顶包扎法

2）单眼包扎法。如果眼部受伤，可将三角巾折成四指宽的长带，斜盖在受伤的眼睛上。三角巾长度的1/3向上，2/3向下。下部的一端从耳下绕到后脑，再从另一只耳上绕到前额，压住眼上部的一端，然后将上部的一端向外翻转,向脑后拉紧,与另一端打结。

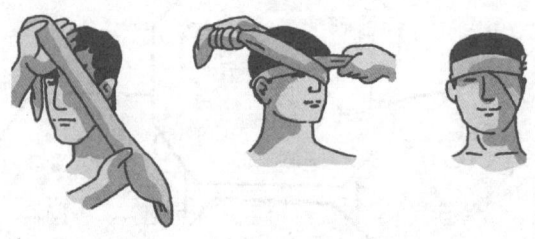

单眼包扎法

3)上肢包扎法。如果上肢受伤,可把三角巾的一底角打结后套在伤臂的手指上,把另一底角拉到对侧肩上,用顶角缠绕伤臂,并用顶角上的布带捆绑包扎。然后将受伤的前臂弯曲到胸前,呈直角(近似),最后把两底角打结。

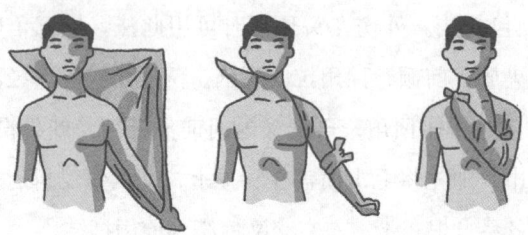

上肢包扎法

4)膝(肘)带式包扎法。根据伤肢的受伤情况,把三角巾折成适当宽度,呈带状,然后将三角巾中段斜放在膝(肘)的伤处,两端拉向膝(肘)后交叉,再缠绕到膝(肘)前外侧打结固定。

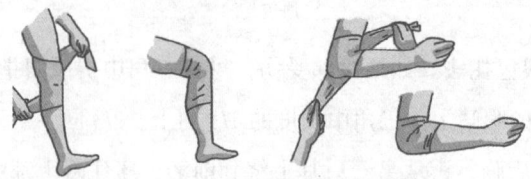

膝(肘)带式包扎法